BIRGA DEXEL

VON *Samtpfoten* UND KRATZBÜRSTEN

Ich widme dieses Buch meiner wunderbaren Großmutter Emmy und meinem geliebten Kater. Ihr beide werdet immer ein Teil von mir sein.

BIRGA DEXEL

VON *Samtpfoten* UND KRATZBÜRSTEN

KOSMOS

Inhalt

Katzen sind meine Leidenschaft 8

Probleme im Mehrkatzenhaushalt 38

Katzentraining 64

Wenn die Katze ihr Klo nicht mehr benutzt 112

Markieren ist Teil des Katzenverhaltens 149

Aggressive Katzen 174

🐈 Katzen sind meine Leidenschaft

Viele meiner schönsten Kindheitserinnerungen haben mit Tieren, genauer gesagt mit Katzen und Pferden zu tun. Meine Großmutter legte die Liebe zu Katzen buchstäblich in meine Hände, als sie mir als kleinem Mädchen bei meinen wöchentlichen Besuchen Katzenwelpen brachte und mich aufforderte, sie ganz sanft zu berühren, um sie nicht zu verschrecken. Später haben wir in gemeinsamen konspirativen Aktionen auf dem Hof meiner Großeltern die neugeborenen Kätzchen vor den todbringenden Absichten meines Opas versteckt. Dieser brachte es nur fertig, die Kätzchen zu töten, solange ihre Augen noch geschlossen waren. Nur die Mutterkatze, meine Oma und ich wussten, wo die Kleinen versteckt waren, und wir arbeiteten gemeinsam daran, meinen Großvater hinters Licht zu führen. Das gelang uns in den allermeisten Fällen auch, sodass die Katzenpopulation auf dem Hof meiner Großeltern zu einer kleinen Kolonie heranwuchs. Die Katzenmama wusste genau, wann die gefährliche Zeit vorüber war; nach ein paar Wochen sah man sie munter mit ihren Kätzchen im Gefolge über das Gelände laufen. Leider ist es auf dem Lande heutzutage zum Teil immer noch verpönt, frei laufende Katzen zu kastrieren, und so werden jedes Jahr aufs Neue unzählige kleine Kätzchen, die gerade erst das Licht der Welt erblickt haben, grausam getötet.

Meine Liebe zu Katzen und zu Pferden ist erhalten geblieben. Frühe Erfahrungen prägen nachhaltig, uns Menschen ebenso wie Katzen. Darauf werde ich noch ausführlich eingehen. Katzen haben mich privat und später auch beruflich durch mein Leben begleitet und ich kann mir, wie sicherlich viele unter Ihnen, ein Leben ohne diese wunderbaren Wesen nicht vorstellen.

Nach meinem Abitur verwirklichte ich mir einen Jugendtraum und arbeitete ein Jahr lang als Reitbegleitung auf einem irischen Connemara-Ponyhof in der Grafschaft Mayo. Nach einem weiteren Jahr als Jugendbotschafterin für Deutschland im Rahmen des internationalen Kulturaustauschprogramms „Up with People" studierte ich mit dem Schwerpunkt Internationale Dienste in Berlin und Brighton, Großbritannien. Mein akademisches Spezialgebiet waren internationale Abkommen zum Schutz vom Aussterben bedrohter Tier- und Pflanzenarten wie beispielsweise das Washingtoner Artenschutzübereinkommen (WA; auf Englisch: CITES).

Arbeiten für bedrohte Tierarten

Internationale Umweltabkommen wurden auch die Schwerpunkte meiner Tätigkeit im Wissenschaftszentrum Berlin (WZB) und für eine vom wissenschaftlichen Beirat für Globale Umweltfragen der Bundesregierung (WBGU) beauftragte Studie.

Während eines Aufenthalts bei dem Umweltprogramm der Vereinten Nationen (UNEP) in Nairobi bekam ich Kontakt zu führenden kenianischen Artenschützern wie dem bekannten Elefantenforscher Ian Douglas-Hamilton und seiner Familie. Diese Zeit sollte mein weiteres Leben entscheidend bestimmen. Sieben Jahre arbeitete ich danach in London als Campaignerin und entwickelte Strategien und Projekte zum Schutz bedrohter Tierarten bei der internationalen Artenschutzorganisation Environmental Investigation Agency (EIA).

Neben der Lobbyarbeit für gefährdete Tiere war meine Hauptaufgabe, Informationen über den illegalen Handel mit bedrohten Arten wie Walen, Papageien, Nashörnern und Tigern sowie über die Machenschaften von Tierhändlern zu sammeln und an die entsprechenden nationalen Behörden und internationalen Institutionen weiterzugeben. Das geschah auch mithilfe kriminalistischer Methoden wie versteckten Kameras. Ich recherchierte, wie diese Märkte strukturiert und welche Akteure darin verstrickt waren.

Undercover unterwegs für Nashörner

Meinen ersten Undercover-Einsatz hatte ich ebenfalls in London, als wir planten, einen Verkäufer von illegalem Rhinozeroshorn zu überführen. EIA hatte den Tipp durch einen Informanten erhalten, dass ein leitender Angestellter eines traditionsreichen Londoner Unternehmens einen Käufer für Rhinohorn suchte. Es wird in der Traditionellen Chinesischen Medizin als fiebersenkendes Mittel und nicht wie allgemein gemutmaßt als Aphrodisiakum eingesetzt.

Meine in Undercovereinsätzen erfahrenen Kollegen waren der Meinung, dass es helfen würde, wenn ich an dem Einsatz teilnehme. Ich gab mich als Schweizer Ehefrau aus, die ihren englischen Gatten, der beruflich häufig in China unterwegs war, auf einer Geschäftsreise nach London begleitete. Unser Informant setzte sich mit dem Verkäufer in Verbindung und vereinbarte mit ihm ein Treffen in dessen Londoner Geschäftsräumen. Zuerst wurde ich in einer Londoner

Edelboutique mit Designerkleidung und bei einem Juwelier mit wertvollem Schmuck ausgestattet, da wir glaubwürdig erscheinen mussten. Beide Geschäfte hatten uns schon vorher bei ähnlichen Aktionen unterstützt und waren auch diesmal gern bereit, ihre Ware für die gute Sache an uns auszuleihen. Zudem wurde eine Handtasche mit einer versteckten Kamera präpariert, denn meine Aufgabe bestand darin, die gelangweilte Ehefrau zu mimen und zu filmen, während „mein Mann" den Verkäufer in ein Gespräch verwickelte, um möglichst viele verwertbare Informationen zu erhalten. Wir fuhren von unserem Nobelhotel, in das wir eingecheckt hatten, in geborgter Luxuslimousine zum vereinbarten Treffpunkt. Dort wurden wir sehr freundlich empfangen und erhielten eine VIP-Tour durch das Unternehmen. Danach führte man uns in den Sitzungssaal des Vorstands, der mit martialischen Waffen, Säbeln und Jagdtrophäen ausstaffiert war. Beim obligatorischen Five o'Clock Tea kam das Gespräch auf die Vorzüge des Lebens in Zürich im Gegensatz zu London. Ich bemerkte, wie mein Kollege leicht anfing zu schwitzen, konnte aber dank vieler Besuche bei Freunden in der Schweiz überzeugend über die Vorteile diverser Züricher Wohnviertel und Schweizer Skigebiete berichten. Schließlich mahnte ich, dass wir für den Abend Theaterkarten hätten und ich mich vorher noch frisch machen müsse, deswegen sollten wir doch zum Geschäftlichen kommen. Gesagt, getan. Der Unterhändler ließ uns wissen, er sei im Besitz eines Rhinozeroshorns von stattlicher Größe, das er an Chinesen verkaufen wolle. Dabei brauche er die Unterstützung „meines Mannes" als Vermittler. Er zeigte uns das Horn und fragte, wie schnell wir potenzielle Käufer finden könnten. Wir versprachen, uns in den nächsten Tagen bei ihm zu melden. Er ahnte nicht, dass dieser Kontakt wohl anders ausfallen würde als von ihm erhofft.

Im Büro kontrollierten wir die Qualität der Videoaufzeichnungen und kontaktierten umgehend die zuständigen Londoner Behörden, die den Mann am nächsten Tag aufsuchten. Da ein bekanntes Unternehmen involviert war, machte der Fall in England einige Schlagzeilen. Die britische Öffentlichkeit war schockiert, dass ein derartiger illegaler Handel nicht irgendwo in Fernost vonstattenging, sondern direkt vor der eigenen Haustür.

Nashörner sind heute aufgrund der ungebremsten Wilderei in ihren afrikanischen Ursprungsgebieten bedrohter als je zuvor. Kostete das wertvolle Horn noch zur Zeit unserer Aktion circa vierhundertfünfzig bis sechshundertfünfzig US-Dollar pro Kilo, so ist es mit fünfundsechzigtausend US-Dollar im Jahr 2012 schon das Hundertfache. Je bedrohter die Art, desto höher der Preis. Ein Horn wiegt drei bis fünf Kilogramm. Keine guten Nachrichten für diese faszinierenden Dickhäuter, zu denen ich während meiner Zeit in Kenia näheren Kontakt haben durfte.

Wir präsentierten die Ergebnisse der Undercover-Aktionen auf internationalen Tagungen und setzten uns für einen verstärkten legislativen Schutz und eine verbesserte Durchsetzung der vorhandenen Gesetze ein. Diese Arbeit erforderte eine Menge Fingerspitzengefühl, denn ich musste die unterschiedlichsten Menschen von unseren Zielen überzeugen. Das hatte wenig Aussicht auf Erfolg, wenn ich ihnen die Pistole auf die Brust setzte. Diese Möglichkeit gab es ohnehin nur, wenn wir illegale Aktionen gefilmt hatten. Prinzipiell war ich jedoch darauf angewiesen, mit der Macht der Worte zu überzeugen. Das schulte meine Fähigkeit, mit vielen verschiedenen Menschen, (auch) aus den unterschiedlichsten Kulturkreisen, zu arbeiten. Diese Erfahrung kam mir später in meiner therapeutischen Arbeit mit Katzen und vor allem mit deren Haltern sehr zugute.

Eine gelungene Kommunikation ist in meiner Arbeit enorm wichtig. Das lateinische Wort „communicare" bedeutet „teilen, teilnehmen lassen, vereinigen". Und genau darum geht es. Ich möchte Katzenhalter an meinem Wissen teilhaben lassen.

Schutz der Schneeleoparden

Meine Arbeit bei der EIA führte dazu, dass ich vom Naturschutzbund Deutschland (NABU) engagiert wurde, ein Projekt zum Schutz der vom Aussterben bedrohten Schneeleoparden in der zentralasiatischen ehemaligen Sowjetrepublik Kirgisistan zu initiieren. Ich koordinierte es in Zusammenarbeit mit Mitarbeitern vor Ort neun Jahre lang. Für meine Arbeit wurde ich 2004 mit dem Umweltpreis „Trophée de Femmes" der Yves Rocher-Stiftung in Paris ausgezeichnet.

Als wir mit diesem Projekt begannen, waren durch den Zusammenbruch der Sowjetunion auch alle dort zuvor bestehenden und gut funktionierenden Schutzstrukturen für bedrohte Tiere kollabiert. Ranger wurden nicht mehr bezahlt, und die brutale Wilderei dezimierte die Populationen bedrohter Arten in atemberaubendem Tempo. In Kirgisistan war es traditionell lediglich hohen Würdenträgern vorbehalten, die kostbaren Schneeleopardenfelle zu besonderen Anlässen zu tragen oder in ihren Jurten, den Filzzelten der Sommernomaden, als Blickfang aufzuhängen.

Schneeleopardenfelle sind eine begehrte Ware; die Tiere leben zumeist in Höhenlagen von dreitausend bis fünftausendvierhundert Metern und entwickeln so ein dickes, wunderbar weiches Fell. Entsprechend hohe Preise werden auf den internationalen Märkten gezahlt – trotz aller Verbote, denn die Art steht kurz vor dem Aussterben. Obwohl sie über ein Terrain von über zwei Millionen Quadratkilometern in den Hochgebirgsregionen von zwölf asiatischen Ländern verbreitet sind, leben nach neuesten Schätzungen des International Snow Leopard Trusts (ISLT) mittlerweile nur noch viertausendfünfhundert bis sechstausend Schneeleoparden in freier Wildbahn.

Durch mein Studium und meine anschließenden Tätigkeiten hatte ich ausreichend Erfahrungen gesammelt, um einen bilateralen Vertrag zwischen dem NABU als Nichtregierungsorganisation (NRO) und dem kirgisischen Umweltministerium mit auszuhandeln.

Als Teil des Vertragswerks wurde eine Wildhütereinheit, die Gruppa Bars, aufgebaut, deren Mitglieder ich mithilfe von einheimischen Mitarbeitern auswählte und die zum größten Teil vom NABU finanziert wurden. Bars ist das russische Wort für Schneeleopard. Dieses Abkommen war eine Novität, die zeigt, wie verzweifelt die Lage in Kirgisistan war, denn *de facto* übernahm eine NRO die Finanzierung staatlicher Aufgaben.

Auch im Rahmen des Schneeleopardenpojektes mussten wir mit Undercover-Methoden arbeiten, um illegale Tierhändler zu überführen. In der kirgisischen Hauptstadt Bischkek ging das Gerücht um, ein Händler habe mehrere „frische" Schneeleopardenfelle zu verkaufen. Gruppa Bars bat mich, als Käuferin aufzutreten, da die einzelnen Mitglieder vor Ort schon zu bekannt waren. Ein deutscher Kollege und ich spielten in Bischkek bei einem Treffen im besten Hotel am Platz ein kaufkräftiges deutsches Ehepaar, das unbedingt Schneeleopardenfelle für einen Pelzmantel kaufen wollte. Für einen solchen Mantel braucht man die Felle von bis zu sechzehn Schneeleoparden. Welch ein Irrsinn!

Es ist für mich unverständlich und schwer auszuhalten, wie gewissenlos und gefühllos Menschen zuweilen mit Tieren umgehen. Auch die vom Aussterben bedrohten Arten werden nicht verschont. Illegaler Handel wird kaum geahndet. Nur wenn man Händler auf frischer Tat ertappt und Beweise sichert, gibt es die Möglichkeit, sie auch wirklich dingfest zu machen. Solche Aktionen sind riskant, da sich neben Kleinhändlern auch diverse kriminelle Organisationen auf diese Sparte spezialisiert haben. Im illegalen Handel mit geschützten Tieren und deren Produkten sind riesige Gewinne zu erzielen. Gleichzeitig besteht für die Täter, die sonst eher in kriminellen Geschäftszweigen wie Drogen-, Waffen- und Menschenhandel aktiv sind, ein deutlich geringeres Risiko, da Strafandrohung und -verfolgung im Vergleich unwesentlich ausfallen.

Mir war sehr bewusst, dass wir es mit Schwerstkriminellen zu tun hatten, die sicherlich nicht zimperlich handeln würden. Von meiner lokalen Rangereinheit war ich schon darüber in Kenntnis gesetzt worden, dass man in diesem Geschäft auch vor Mord nicht zurückschreckte. Die einzelnen Mitglieder der Gruppa Bars waren Profis. Sie waren aufgrund ihrer Qualifikationen und früheren Tätigkeiten – als Spezialisten des ehemaligen russischen Geheimdienstes, des Militärs und des Personenschutzes – ausgewählt worden. Ich vertraute ihrer Lageeinschätzung und hielt mein Risiko für vertretbar, weil ich wusste, dass ich mich auf sie verlassen konnte. Am Telefon sagte ich meinem besorgten Partner in Deutschland, dass ich ihn liebe, und schlüpfte in meine neue gefährliche Rolle. Resultat unserer glücklicherweise erfolgreichen Aktion waren ein über seine Festnahme äußerst überraschter Händler und drei konfiszierte Felle.

Dshamilja war meine erste Schneeleopardin

Die erste noch lebende Schneeleopardin, die durch Gruppa Bars konfisziert wurde, war Dshamilja, ein junges Tier, das Teile seiner Vorderpfote in einem mit scharfen Zacken ausgestatteten Fangeisen verloren hatte und in einem erbärmlichen Zustand war. Als Gruppa Bars Dshamilja konfizierte, hatte sie bereits ein paar Wochen in einer kleinen Kiste schwer verletzt in ihrem Blut und ihren Exkrementen liegend mehr tot als lebendig ausgeharrt. Die Händler, die das Tier möglichst gewinnbringend verkaufen wollten, waren unvorsichtig geworden, als sie sahen, dass es nicht mehr lange leben würde, und so kam die Nachricht von einem jungen Schneeleoparden, der in einem Hinterhof in der kirgisischen Hauptstadt Bischkek gehalten wurde, auch der Wildhütereinheit zu Ohren. Nach erfolgreicher Festnahme der Verbrecher und gleichzeitiger Konfiszierung des Jungtiers hatten wir mit dem nächsten drängenden Problem zu tun, denn es gab vor Ort weit und breit keinen Wildtierveterinär und keine adäquaten Unterbringungsmöglichkeiten, die Lage war wirklich sehr ernst und prekär.

Ich erhielt den Anruf mit der Nachricht von dem verletzten Schneeleoparden an einem frühen Morgen im Dezember 2001. Weihnachten stand vor der Tür, und uns war klar, dass wir alles tun mussten, um das Leben des jungen Irbis, wie man Schneeleoparden auch nennt, zu retten. Die Schneeleopardin wurde notdürftig in einem provisorischen Gehege auf dem Hof eines deutschen Mitarbeiters des Centrums für internationale Migration und Entwicklung (CIM) untergebracht. Dort konnte Dshamilja nicht gesund werden. Unsere einzige Möglichkeit war, sie schnell nach Europa auszufliegen, hier zu behandeln und in das Europäische Erhaltungszuchtprogramm der Zoos (EEP) einzugliedern. Der Zuchtbuchführer und Kurator des Zoos von Helsinki, Leif Blomqvist, sowie Christer Larsson von der schwedischen Nordens Ark, mit dem ich schon früher zusammengearbeitet hatte, waren mir dabei eine unermessliche Hilfe und psychologische Stütze. Ich telefonierte über Stunden mit deutschen Behörden, Politikern und Zoos, um den überlebenswichtigen Platz und die benötigten Ein- und Ausfuhrdokumente für Dshamilja rechtzeitig zu erhalten, bevor sich alle Entscheidungsträger in den Weihnachtsurlaub verabschiedeten. Der Wildtierveterinär Dr. Boer flog schließlich nach Kirgisistan, versorgte die Schneeleopardin notdürftig und brachte sie tatsächlich in der Kabine einer Maschine der Kyrgyzstan Airlines von Bischkek nach Hannover.

Wer seine Hauskatze schon einmal im Flugzeug transportiert hat, weiß um die anstrengenden Prozeduren und den Papierkram vor dem Flug. Kyrgyzstan Airlines war entgegen unseren Befürchtungen sehr pragmatisch und entgegenkommend: Im hinteren Teil der Maschine wurde ein Sitz herausmontiert und die riesige Transportkiste hineingestellt. In der Kabine drehte der Pilot die Temperatur herunter, da Schneeleoparden es gern deutlich kälter als wir Menschen haben. Alle weiteren Fluggäste zeigten großes Verständnis für die Maßnahme, nachdem der Pilot sie per Bordlautsprecher über den ungewöhnlichen Passagier infomiert hatte. Natürlich wollten alle einen Blick von Dshamilja erhaschen und so blieb die Schlange vor den Bordtoiletten, in der Nähe sich Dshamiljas Box befand, während der gesamten Flugdauer konstant lang. Derweil warteten wir angespannt am Flughafen Hannover, umgeben von politischen Würdenträgern wie dem damaligen kirgisischen Botschafter, der Staatssekretärin im Umweltministerium und der Presse, auf Dshamiljas Ankunft. Ein erfahrener Raubtierpfleger aus dem Wildpark Lüneburger Heide nahm die Schneeleopardin in Empfang und päppelte sie liebevoll auf. Ihr endgültiges Zuhause fand sie im Züricher Zoo, der ein weltweites Renommee in der Haltung von Schneeleoparden hat. Dort geht es ihr mittlerweile so gut, dass sie uns schon mehrfach mit Nachwuchs beglückt hat.

Dshamilja war das erste lebende Tier, das Gruppa Bars konfiszierte, andere sollten später folgen. Mit ihrer Ankunft wurde uns schlagartig bewusst, dass wir nicht nur die Felle getöteter Tiere einziehen würden, sondern auch die medizinische Versorgung von geretteten Wildtieren übernehmen mussten. Eine Wildtierauffangstation in den Bergen Kirgisistans musste her; sie konnte schließlich auch dank vieler Spenden errichtet werden. So wurden weitere konfiszierte Schneeleoparden und Greifvögel sicher untergebracht.

Seit unserem ersten Zusammentreffen war ich von der jungen Irbisdame Dshamilja fasziniert, war es doch auch mein erster leibhaftiger Kontakt mit einem aus der Wildnis stammenden Schneeleoparden. Ich fuhr wieder und wieder in den Wildpark Lüneburger Heide, Dshamiljas erster temporärer Station, und später in den Züricher Zoo, um sie zu besuchen, und lernte so viel wie möglich über diese einzigartige Art. Die Erkenntnisse, die wir unterdessen mithilfe der Gruppa Bars und dem Team vor Ort über Schneeleoparden sammelten, nutzten wir – in enger Zusammenarbeit mit internationalen Schwergewichten der Schneeleoszene wie dem ISLT und der IUCN Cat Specialist Group – für Aufklärungskampagnen über den prekären Status der Art in ihrem gesamten Verbreitungsraum und zu verstärkten internationalen Schutzbemühungen.

Von der Wildkatze zur Hauskatze

Schon der französische Schriftsteller Victor Hugo war der Meinung, Gott habe die Katze erschaffen, damit der Mensch einen Tiger zum Streicheln hat. Der bekannte Verhaltensforscher und „Katzenpapst" Professor Paul Leyhausen stellte fest, dass Katzen sich nicht sehr weit von ihren wild lebenden Verwandten wegentwickelt haben und „verhaltensmäßig eng miteinander verwandt sind. Aus diesem Grund ist die Kenntnis des Verhaltens zum Beispiel des Löwen durchaus relevant für das Verständnis der Hauskatze – und umgekehrt." Während meiner wochenlangen Aufenthalte in der eigens für konfiszierte Wildtiere gebauten Auffangstation im kirgisischen Biosphärenreservat Issyk-Kul saß ich damals tagelang vor dem Gehege, das wir für die drei jungen Schneeleoparden gebaut hatten, und beobachtete ihr Verhalten, das noch weitgehend unbeeinflusst von Menschen war, Und doch konnte ich diese Verwandtschaftsverhältnisse bei meinen Beobachtungen leibhaftig miterleben. So erinnerten mich die in Eis und Schnee lebenden Großkatzen, übrigens eine eigene Gattung (*Uncia uncia*) unter den Großkatzen, in ihrem Verhalten an vieles, was ich zu Hause mit meinen Stubentigern erlebte. Daraufhin begann ich, parallel zu der Arbeit für das Projekt zum Schutz der Schneeleoparden, mich auch intensiv in die Verhaltensbiologie von Hauskatzen einzuarbeiten. Und da meine Katzenbegeisterung allgemein bekannt war, fragten mich auch bald immer mehr Menschen um Rat.

In Sachen moderner Haustierhaltung hat Großbritannien die Nase vorn

Meine Studienzeit und die langjährige Arbeit in England haben einen wichtigen Grundstein für meinen späteren Werdegang gelegt. In Großbritannien steht man generell dem Tierschutz und artgerechter Haustierhaltung viel offener gegenüber als bei uns, und im alltäglichen Umgang mit Haustieren sind uns die Briten teilweise voraus. Ich habe die britische Bevölkerung als sehr tierlieb kennen- und schätzen gelernt. Das Interesse an Fragen zu moderner Haustierhaltung sowie Wildtierschutz ist allgemein groß, und die Katzentherapie konnte sich auf der Insel viel früher als auf dem Kontinent etablieren. In England ist die therapeutische Arbeit mit Katzen mittlerweile ganz normal. Bei spezifischen Problemen geht man heute zum Tiertherapeuten oder wird vom Tierarzt an einen solchen weiterverwiesen. Als ich zurück nach Deutschland kam, war ich erstaunt, dass die Verhaltensberatung für Katzen von Katzenhaltern hierzulande nur sehr wenig in Anspruch genommen wurde.

In Großbritannien war ich auch mit Bachblüten in Berührung gekommen, zu einer Zeit, als diese ganzheitliche Methode in Deutschland noch weitgehend unbekannt war. Damals wie heute setzt man dort Bachblüten ganz selbstverständlich therapeutisch ein. In Deutschland empfand ich es bei meiner Rückkehr als sehr bedauerlich, wie skeptisch und kritisch man hier solchen Ansätzen gegenüberstand. Das hat sich inzwischen glücklicherweise geändert.

Leben in einer großen Londoner Katzen-WG

In London lebte ich mit elf Freigängerkatzen in einer Wohngemeinschaft, eine Zeit, an die ich mich gern erinnere. Ein Teil des so großen Mehrkatzenhaushalts zu sein war spannend und half mir genauer zu verstehen, wie Katzen miteinander kommunizieren und in welcher Art und Weise sie ein Leben in einer größeren Gruppe regeln.

Die Katzengesellschaft half mir ein wenig darüber hinweg, dass ich meine geliebte Katze Gina in Deutschland zurücklassen musste, da ich sie nicht den damals noch strikten und qualvollen Quarantänebedingungen aussetzen wollte. Sechs Monate Quarantäne für Tiere, die mit uns sonst so eng zusammenleben, waren für mich einfach unvorstellbar. Zu den Erfahrungen in meiner Katzen-WG kam ein großes Informationsangebot in England zu Katzenthemen, das ich eifrig genutzt habe. Rückblickend hat mir diese Zeit den Weg vorgezeichnet, den ich später einschlagen sollte.

Tierkommunikation ist Teil unseres biologischen Erbes

Erlebnisse mit meinen Katzen und den Schneeleoparden haben mich zu Penelope Smith in die USA geführt, bei der ich schließlich zur professionellen Tierkommunikatorin ausgebildet wurde, eine Ausbildung, die mich befugt, nach ihrer Methode zu unterrichten. Penelope setzt sich mit der Tierkommunikation (animal communication) auf eine mir damals noch nicht bekannte Art und Weise auseinander. Von ihr habe ich gelernt, mich in ein Tier einzufühlen. Das setzt die Erkenntnis voraus, dass wir mit unserem tierischen Gegenüber in einem ständigen energetischen Austausch stehen, das heißt, wir können wahrnehmen, was unsere Katze fühlt, und dementsprechend handeln, und umgekehrt reagiert unsere Katze auf unsere Stimmungen und Gefühle. Dies kann so weit gehen, dass manche Katzen mit ihrem „problematischen" Verhalten die Themen ihrer Menschen spiegeln wie im Fall der im Lauf dieses Buches vorgestellten Burmesen Sita und Shiva, die die Eheprobleme ihrer Menschen stellvertretend austrugen und sichtbar machten.

Konkret beschreibt Tierkommunikation die Verständigung zwischen Mensch und Tier. Sie ist eine Methode, mit der wir die Perspektive wechseln und erspüren können, wie es dem Gegenüber, also unserer Katze geht und was sie braucht. Tierkommunikation bedeutet weniger, durch Beobachtung der Körpersprache die Absichten der Katze abzulesen, sondern vielmehr, sich in ihr Wesen einzufühlen, also tatsächlich einen Perspektivwechsel vorzunehmen. Diese Ausbildung hat mir geholfen, meine Intuition und innere Stimme zu schärfen, die ich jetzt in der täglichen Praxis einsetze.

Tierkommunikation ist eine gewaltfreie und tierfreundliche Methode. Sie wird auch als „Interspezies-Kommunikation" bezeichnet, da es sich um die Kommunikation zwischen unterschiedlichen Arten handelt. Mit Tieren zu kommunizieren heißt Artgrenzen zu überwinden, ein Bedürfnis, das sehr viele Menschen teilen und immer mehr Menschen erlernen wollen. Dazu bedarf es intensiven Trainings und großes Einfühlungsvermögen, erst dann lässt sich die Perspektive von Tieren einnehmen und können essenzielle Erkenntnisse gewonnen und Informationen ausgetauscht werden. Diese intuitiven Fähigkeiten sind nicht übersinnlicher Natur, sondern Teil unseres biologischen Erbes, das wir mit vielen anderen Arten teilen und das sich reanimieren und trainieren lässt. Fühlt das Tier sich verstanden, können sich daraus völlig neue Möglichkeiten für die Lösung von Problemen zwischen Mensch und Tier ergeben.

Zwischen Mensch und Katze vermitteln

Ein für den Menschen problematisches Katzenverhalten hat, wenn es nicht durch gesundheitliche Faktoren, falsche Haltung und/oder fehlende Beschäftigung ausgelöst wurde, viel mit der inneren Einstellung des Halters zu tun. Etliche der Probleme lösen sich schon dadurch, dass der Mensch sich öffnet und eine andere Sichtweise auf seinen Katzenfreund und das Problem einnimmt. In meinen Beratungen geht es mir darum, das Beziehungsgeflecht zwischen Mensch und

Katze deutlich zu machen und den Halter anzuregen und anzuleiten, aus der menschlichen Perspektive in die der Katze zu schlüpfen. Wenn wir das aus unserer Sicht „Fehlverhalten" von Katzen interpretieren, stülpen wir ihnen meistens menschliche Deutungen über. Daraus ergeben sich oft grundlegende Missverständnisse. Wenn Katze und Mensch zudem in einer Wohnung auf engstem Raum zusammenleben und die Katze keine Möglichkeit hat, beim Freigang einen Teil ihres normalen Verhaltensrepertoires auszuleben, besteht die Gefahr einer Verstärkung des unerwünschten Verhaltens.

Als Therapeutin sehe ich meine Aufgabe darin, zwischen Mensch und Tier zu vermitteln, den Haltern die Sprache und Gefühlswelt ihrer Katze verständlich zu machen und sie so ein Stück weit in die Welt der Tiere eintauchen zu lassen. Ich möchte Halter motivieren, sich aktiv mit ihren Katzen auseinanderzusetzen; ich will ihnen zeigen, was in den Katzen steckt und wozu sie fähig sind. Eine wesentliche Voraussetzung dafür ist, dass der Mensch bereit ist, sich auf dieses Abenteuer einzulassen, und nicht erwartet, dass die Katze nach seinen Maßstäben zu funktionieren hat.

Mitunter werden während der therapeutischen Arbeit mit der Katze auch Probleme des Halters thematisiert, und das kann bei vielen Menschen tief liegende Gefühle zutage fördern. Es ist nicht immer leicht, damit umzugehen. Das Spektrum reicht von Vermeidungsverhalten und Selbstvorwürfen bis hin zu Aggressionen gegen das Tier. Die Erwartungshaltung ist häufig sehr hoch, viele hoffen, dass ich als Katzenexpertin das manchmal schon seit Jahren bestehende oder schwelende Problem möglichst rasch und ohne große Anstrengungen und Kosten lösen kann. Manchmal wird auch ganz einfach erwartet, die Katze möge sich endlich ohne Wenn und Aber an die Lebensbedingungen ihres Menschen anpassen.

Was passiert, wenn die Katze nicht funktioniert und nicht den Erwartungen entspricht? Wenn die Katze andere Bedürfnisse als der

Mensch hat? Wenn sie zum Beispiel Rückzug und Ruhe wünscht, statt zu kuscheln oder auf den Arm genommen oder herumgetragen zu werden, kann es schwierig werden. Meine Arbeit hat viel mit dem Verstehen der Gefühlslage der betreffenden Menschen und Katzen zu tun. Letzteres ist für einige Menschen befremdlich, weil sie immer noch glauben, dass Katzen rein instinkt- oder triebgesteuert sind.

Katzen- und Medienfrau

Angefangen hat meine Arbeit als Hauskatzenexpertin für das Fernsehen mit der Sendung „Doc & Co." auf Tier TV, einem eigenen privaten Tiersender, den es heute leider nicht mehr gibt. In der Sendung saßen ein Tierarzt und mehrere Tiertherapeuten. Ich war die Katzenspezialistin. Die Livesendung lief mehrmals in der Woche, es riefen Menschen an, die ihre Probleme schilderten und sich beraten ließen.

Danach folgten Dreharbeiten mit Ralf Lindermann für die Internetinformations- und Videoplattform „Lindermanns Tierwelt", dann Stern TV, das Haustiermagazin „hundkatzemaus" und schließlich meine eigene Sendung „Katzenjammer".

Schon das Schneeleopardenprojekt hat mich den Umgang mit den Medien gelehrt. Ein Film und etliche kürzere Beiträge für verschiedene deutsche und Schweizer Sender haben das Projekt bekannt gemacht. Die Dreharbeiten in Kirgisistan habe ich jedes Mal begleitet. Das Fernsehen war beim Schneeleo-Projekt mein wichtigstes Transportmedium für Aufklärung und Information, um eine interessierte Öffentlichkeit über die Bedrohung der Schneeleoparden zu alarmieren. Die wunderschönen Tiere leben in unwirtlichen Hochgebirgsregionen Zentralasiens. Das ist weit weg und wir brauchten Bilder, um in den westlichen Ländern begreiflich zu machen, wie Schneeleoparden und andere bedrohte Arten um ihr Überleben kämpfen. Schon damals war mir bewusst, wie wichtig das Medium Fernsehen ist, um Botschaften im Interesse der Tiere in die Öffentlichkeit zu tragen. Bilder bleiben bei uns Menschen – wir sind stark visuell geprägte Wesen – am eindrücklichsten in den Köpfen hängen. Außerdem ist das Fernsehen eine hervorragende Möglichkeit für mich, Katzenhalter zu erreichen, mit denen ich sonst wahrscheinlich nicht ins Gespräch käme. Einerseits ist es noch weitgehend unbekannt, dass es möglich ist, Veränderungen im Verhalten von Katzen mittels therapeutischer Maßnahmen zu erzielen. Andererseits trauen sich auch viele Menschen nicht, eine Verhaltensberatung für sich und ihr Tier in Anspruch zu nehmen. Es ist bei Weitem noch nicht so selbstverständlich, zu einer Katzentherapeutin zu gehen, wie etwa für Hundebesitzer, sich in einer Hundeschule Hilfe zu holen. Ein weiterer Grund ist die Angst vor den Reaktionen der Mitmenschen. Viele sind immer noch der Meinung, um Katzen sollte man nicht zu viel Aufhebens machen. Wird der Leidensdruck jedoch unerträglich, ist die Verhaltensberatung oft der letzte Ausweg.

Viele der Klienten in meiner Praxis kommen aus der Stadt, sie sind neuen Strömungen gegenüber aufgeschlossen. Mit dem Fernsehen erreiche ich auch Menschen, die nicht in den urbanen Zentren leben. Fernsehen ist für mich ein unschätzbares Medium, Wissen über Katzen weiterzugeben und darauf aufmerksam zu machen, dass sich im Umgang mit und bei der Haltung von unseren Stubentigern einiges ändern muss. Es gibt bereits schon viel zu viele verhaltensauffällige Tiere, wie man im Fachjargon sagt.

Als ich in England für die Artenschutzorganisation EIA gearbeitet habe, legten wir großen Wert auf Öffentlichkeitsarbeit; ich lernte dabei, Interviews zu geben und die Medien direkt anzusprechen. Schon damals habe ich gemerkt, dass mir diese Form der Kommunikation für meine Themen liegt und großen Spaß macht. Heute hilft mir das Medium Fernsehen in meinem Beruf, viele Menschen zu erreichen und Tieren zu helfen.

Warum tun sich Katzenhalter schwer damit, Hilfe zu suchen?

Viele Menschen mit verhaltensauffälligen Katzen denken, sie stünden mit ihren Problemen ganz allein da; sie wissen gar nicht, dass es Therapiemöglichkeiten gibt. Zudem schämen sich Katzenhalter häufig für ihre verhaltensauffälligen Katzen und deren Probleme; beispielsweise fällt es ihnen schwer zuzugeben, wie unsauber ihre Katze ist oder dass sie im ganzen Haus Markierungen absetzt. Diese Probleme eignen sich ja auch nicht gerade als Gesprächsthema beim Abendessen in geselliger Runde. Zudem können Katzenliebhaber nicht wie Hundehalter auf den Hundeplatz gehen und dort mit einem Trainer und ihrem Tier auf neutralem Boden unter Gleichgesinnten arbeiten. Katzenhalter suchen in ihrer Verzweiflung eher anonymen Rat im Internet. Es bedurfte erst des Mediums Fernsehen, damit eine breite Öffentlichkeit von Therapien und Trainingsmöglichkeiten erfuhr. Und Dank sei auch denjenigen Haltern, die zuerst den Schritt in die Öffentlichkeit wagten.

Ich gehe entweder persönlich zu den Katzenhaltern oder lasse mir bei Telefonberatungen Videos und Fotos schicken. Zudem muss jeder Katzenhalter vor einer Beratung einen sehr ausführlichen Fragebogen ausfüllen. Ich muss verstehen, wie eine Katze lebt, und dafür ist es unabdingbar, mir auch sehr private Bereiche anzuschauen und zum Teil unangenehme Details abzufragen, damit ich Mensch und Tier helfen kann. Das verlangt viel Feingefühl und selbstverständlich werden alle Informationen dabei von mir und meinen Mitarbeitern vertraulich behandelt. Aber wenn ich mir von der problematischen Situation kein klares Bild machen kann, ist es schwierig, eine dauerhafte Lösung zu finden. Ich muss immer wieder nachfragen und von allen Seiten auf das Problem schauen. Einige Fälle, bei denen es manchmal überhaupt nicht voranzugehen schien, ließen sich erst (detektivisch) lösen, als ich eine mir noch fehlende, aber zentrale Information erhielt. Das war zum Beispiel im Fall von der Katze Sunny so, von der hier später noch die Rede sein wird.

Katzentherapien beinhalten deshalb auch intensive Gespräche mit den Katzenhaltern und es bedarf einer geglückten Kommunikation zwischen mir und ihnen. Wenn ich dem Menschen nicht vermitteln kann, wie er seiner Katze helfen kann, hilft eine wie auch immer geartete Therapie nichts, denn nur der Mensch kann sein Verhalten und das Lebensumfeld der Katze ändern.

Die Arbeit mit Katzen ist mir ein Herzensanliegen und ich wünsche mir nichts mehr, als die Lebensbedingungen von möglichst vielen Katzen verbessern zu können, damit mehr Stubentiger ein glückliches, artgemäßes Katzenleben leben können. Die Arbeit mit Katzen berührt mich emotional tief, und ich fühle mich privilegiert, dass ich meine Leidenschaft zum Beruf machen konnte. Ich könnte mir keinen passenderen Beruf vorstellen.

Verhaltensprobleme bei Katzen nehmen zu

Die Lebensrealität der Katzen hat sich in den letzten Jahrzehnten stark verändert. Hatten die Tiere früher auf den Höfen die Aufgabe, Nager zu dezimieren, und konnten dafür im Gegenzug frei und selbstbestimmt in einem relativ gesicherten Revier leben, so wohnen sie heute – angepasst an den Tagesablauf ihrer Halter – in der Regel im Haus, viele ohne Freigang. Seit den Fünfzigerjahren gibt es Katzenstreu und Katzentoiletten auf dem Markt. Die Menschen leben verstärkt in Städten oder im städtischen Umfeld. Als Folge werden auch immer mehr Stubentiger ausschließlich in Wohnungen gehalten. In den USA leben achtzig Prozent aller Katzen in Wohnungen, für Deutschland gibt es keine mir bekannten Daten. Die Katze gilt als das ideale Tier für berufstätige Singles, da sie vermeintlich pflegeleichter und weniger zeitintensiv als ein Hund sei; es herrscht der

Irrglaube, Katzen beschäftigten sich weitgehend selbst. Drei viertel aller alleinstehenden Katzenhalter sind berufstätig und leben in der Regel in kleineren Wohnungen. Für die meisten Katzen bedeutet dies einen beschränkten Lebensraum und wenig Zeit mit ihrer menschlichen Bezugsperson.

Mit den veränderten Lebensbedingungen treten vermehrt Verhaltensprobleme auf. Je ungünstiger und artfremder die Lebenssituation einer Katze ist, desto höher ist die Wahrscheinlichkeit, dass sie verhaltensauffällig wird.

Aber auch bei Freigängern scheint die Zahl der Verhaltensprobleme zuzunehmen, da die Katzenpopulation in Wohngebieten immer dichter wird und den Tieren immer höhere Anpassungsleistungen abverlangt.

Katzen wollen gefordert werden

Sind die Rahmenbedingungen für die Katzenhaltung nicht ideal, muss der Katzenhalter kreativ werden. Bei einer kleinen Wohnung gibt es viele Lösungen für eine Gestaltung der Wohnung, die sich den Bedürfnissen des Tieres anpasst. Ist das Tier viele Stunden allein, muss sich der Halter eventuell abends um anregende geistige und körperliche Beschäftigung für sein Tier bemühen. Das erfordert Zeit. Mittlerweile wissen wir genügend über die Auslöser von Verhaltensproblemen, um vorbeugend zu handeln sowie bei Schwierigkeiten gezielt und erfolgreich therapieren zu können.

Ich möchte mit diesem Buch dazu ermutigen, sich bei Problemen aktiv mit den Katzen auseinanderzusetzen und mit ihnen zu arbeiten – sie zu fördern und zu fordern. Dies bedeutet nicht Dressur oder gar Unterordnung, sondern dient der Katze, die Rahmenbedingungen des Lebens mit ihrem Menschen zu akzeptieren und innerhalb dieses Rahmens glücklicher zu leben. Es gibt zudem schwierige, aber notwendige Zumutungen, wie den Tierarztbesuch oder den Transport im Katzenkorb, die man den Katzen erleichtern kann, indem man sie darauf vorbereitet und gegebenenfalls, wie den Katzenkorbtransport, vorher mit ihnen übt.

Das Training mit Katzen basiert immer auf positiver Verstärkung von erwünschtem Verhalten. Als Katzenhalter muss ich Wege finden, meiner Katze zu zeigen, was ich von ihr möchte. Es ist ein Mythos, dass Katzen nicht trainierbar sind. Neben den Tauben gehören sie laut dem Biologen und Katzenspezialisten Dr. Dennis Turner von der Universität Zürich zu den domestizierten Tieren, die am schnellsten lernen. Trainierte Hauskatzen sind ausgeglichener und glücklicher, weil sie die Welt der Menschen eher verstehen und sich in ihr besser zurechtfinden.

Dieses Buch ist kein Nachschlagewerk, in dem man unter einem Stichwort erfährt, wie man beispielsweise am besten gegen Unsauberkeit vorgeht. Ich habe die Erfahrung gemacht, dass jeder Fall einzigartig ist. Was der einen Katze hilft, funktioniert bei der anderen gegebenenfalls überhaupt nicht. Jede Auffälligkeit einer Katze muss für sich betrachtet und auf ihre besonderen Bedingungen hin analysiert werden, damit sich ein auf die spezielle Mensch-Tier-Beziehung zugeschnittener Therapieplan erstellen lässt.

Groß wie Klein

Es ist wichtig zu verstehen, was Katzen in ihrem innersten Wesen ausmacht. Dazu ist es hilfreich, sich die Verwandtschaftsverhältnisse unserer Stubentiger genauer anzuschauen. Hauskatzen und ihre wild lebenden Verwandten der Groß- und Kleinkatzenarten sind eng miteinander verwandt, egal ob man es mit einem Luchs, einem Leoparden oder einer Falbkatze zu tun hat, die Urahnin der Hauskatze. Der Hund hat sich nach jüngsten Forschungsergebnissen von

John Bradshaw von der anthrozoologischen Abteilung der englischen University of Bristol im Zuge der Domestizierung vom Wolf relativ weit wegentwickelt; Katzen hingegen sind physiologisch und verhaltenstechnisch noch nahe bei der wild lebenden Verwandtschaft. Die Katzenforscher sind sich einig, dass alle Katzenarten trotz ihrer Unterschiede viele Gemeinsamkeiten aufweisen, ob es nun Löwen oder Hauskatzen sind.

Laut Leyhausen ist „die Familie der *Felidae* nicht einfach ein Zweig des Stammbaums, der sich in den einzelnen Gattungen und Arten weiterverzweigt, sondern sie ist gewissermaßen als Büschel vom Stamm gewachsen".

Jeder Katzenhalter sollte sich diesen Aspekt vor Augen führen, denn daraus ergeben sich spezifische Anforderungen für die Gestaltung einer artgerechten Lebensumgebung und einer artgerechten Beschäftigung für unsere Katzen, worauf ich im Laufe des Buches immer wieder zu sprechen kommen werde.

Auch die Verhaltensunterschiede zwischen den einzelnen Katzenrassen sind marginal. Die Katzenzucht ist noch sehr jung und hat ihre Anfänge in Großbritannien genommen. Die erste Katzenausstellung fand am 13. Juli 1871 im Londoner Crystalpalace statt. Katzen wurden seit Beginn der Zuchtanstrengungen nach ihrem Aussehen selektiert und nicht wegen bestimmter charakterlicher Merkmale oder Fähigkeiten. Meine Erfahrung im Umgang mit den unterschiedlichsten Katzenrassen und -persönlichkeiten hat mir gezeigt, dass sich bei einigen Rassen verhaltensmäßige Tendenzen beobachten lassen, wie im Fall des Thaikaters Simba, der rassetypisch durch seine Kommunikationsfreudigkeit und Neugier auffiel, von dem ich jedoch später erzählen werde. Katzen jedoch generell aufgrund ihrer Rasse bestimmte Fähigkeiten zuzuschreiben oder abzusprechen geht an der kätzischen Realität vorbei. Auch die Fellfarbe hat nichts mit dem Charakter zu tun, wie landläufig immer wieder angenommen wird. Alle Katzen sind starke, eigenständige Individuen und sollten als solche gesehen werden. Perser, eine der am weitesten verbreiteten Rassen überhaupt, sind so beliebt, weil sie als ruhig und anspruchslos gelten, ideal also aus menschlicher Sicht für ältere Menschen und Anfänger in der Katzenhaltung. Ich kann Generalisierungen dieser Art nicht bestätigen und halte sie nicht für hilfreich, da sie oft dazu führen, dass falsche Erwartungen an das Tier gestellt werden. Viele Halter sind überrascht, wenn ihre als Kuschelperser angepriesenen Katzen sich genauso „raubtierartig" verhalten und Vögeln im Garten nachstellen wie der Straßenkater von nebenan.

Für manche Richtungen in der Zucht habe ich kein Verständnis, insbesondere dann, wenn die Gesundheit oder die Lebensqualität der Katzen leidet. Viele Perserkatzen haben Beeinträchtigungen wie Atembeschwerden und permanent tränende Augen, deren Ursache die zu kurz gezüchteten Nasen sind. Als ich vor Kurzem eine Dokumentation des britischen Fernsehsenders BBC über Katzen sah, wurden dort Perserkatzen auf einer englischen Ausstellung in den Sechzigerjahren des vorigen Jahrhunderts gezeigt. Sie hatten lange, gerade Nasen, es waren wunderschöne Tiere. Warum der Mensch meint, die Nasen durch züchterische Selektion immer mehr verkürzen zu müssen, ist mir ein Rätsel.

Die heilende Kraft der Stubentiger

Siebenhundert Millionen Katzen leben weltweit mit Menschen zusammen, achteinhalb Millionen davon allein in deutschen Haushalten. Katzen haben damit dem Hund den Rang als beliebtestes Heimtier abgelaufen. Viele Katzenfans wissen intuitiv um die heilenden Kräfte ihrer Stubentiger oder haben sie schon am eigenen Leib erfahren. Katzenhalter berichten, dass sich ihre Katze schnurrend zu ihnen legt, wenn es ihnen nicht gut geht oder sie Schmerzen haben. Das tun selbst solche Katzen, die sonst eher keinen engen Körperkontakt suchen. Das Schnurren unserer Hauskatzen liegt beim Einatmen im Frequenzbereich von dreiundzwanzig bis achtundzwanzig Hertz und beim Ausatmen von siebenundzwanzig bis vierzig Hertz. Der auch für Menschen aus medizinischer Sicht heilsame und beruhigende Bereich liegt zwischen siebenundzwanzig und vierundvierzig Hertz. Studien haben gezeigt, dass Schnurren für Katzen ein körpereigener Selbstheilungsmechanismus ist und die Knochenheilung stimuliert. (Es soll sogar eine Redewendung aus dem veterinärmedizinischen Bereich geben, die sagt: „Wenn man eine Katze und einen Haufen gebrochener Knochen nebeneinanderstellt, heilen die Knochen.") Andere Studien haben ergeben, dass Katzenschnurren bei Menschen den Blutdruck senkt und durch die sanften Schwingungen den Schlaf fördert. Wenn ich zu Dreharbeiten oder Vorträgen unterwegs bin und oft in Hotels übernachten muss, fehlt mir das Schnurren meiner beiden Kater, Marvin und Matisse, beim Einschlafen. Ich habe mir schon überlegt, es aufzuzeichnen und als mein persönliches Katzen-schlaflied auf Reisen mitzunehmen.

Katzen signalisieren ihre Not

Mensch und Tier profitieren, wenn die Katze körperlich und psychisch gesund ist. Wenn die Psyche der Katzen leidet, zeigen sie uns das durch unerwünschtes, auffälliges Verhalten. Das stellt die Beziehung zwischen Katze und Halter auf eine harte Probe. Katzen mit Verhaltensproblemen, bei denen keine körperliche Ursache vorliegt, brauchen umgehend professionelle Hilfe. Viele Katzenhalter warten zu lange, bevor sie diesen Schritt tun. Oftmals wurden vorher schon viele gut gemeinte Ratschläge aus dem Bekanntenkreis oder dem Internet befolgt, oft erfolglos. Jeder Fall ist einzigartig. Je länger die Mieze neben dem Katzenklo uriniert oder aggressives Verhalten zeigt, desto schwieriger wird die Suche nach der Ursache und/oder dem Auslöser dieses Verhaltens und umso langwieriger und kostspieliger die Therapie. Zudem neigen Verhaltensprobleme dazu, sich zu verselbstständigen. Problematisches Verhalten muss man zunächst einmal von normalem Katzenverhalten abgrenzen. Wenn katzentypisches Verhalten wie Kratzen zum Problem wird, darf nicht die Katze zur Rechenschaft gezogen werden, stattdessen müssen die Rahmenbedingungen im Haushalt entsprechend den natürlichen Bedürfnissen der Katze verändert werden. Für Verhaltensprobleme bei Katzen gibt es immer Gründe. Manchmal erkennen und erfüllen wir ihre artspezifischen Bedürfnisse nicht, zum Beispiel wenn sie älter werden, manchmal sind sie unterfordert und langweilen sich in ihrem Alltag.

Sie können auch überfordert sein, zum Beispiel durch Veränderungen in ihrem Lebensumfeld wie einen Umzug oder ein neues Familienmitglied oder wenn sich die Beziehung zwischen Mensch und Tier verändert, weil beispielsweise durch einen Arbeitswechsel nicht mehr so viel Zeit für die Katze zur Verfügung steht. Man kann sicher sein, dass Katzen versuchen, lange bevor sie verhaltensauffällig werden, ihren Haltern ihre Not zu signalisieren. Katzenkommunikation ist oftmals sehr subtil und für viele Katzenfreunde schwer zu deuten oder erscheint missverständlich. Je mehr wir lernen, die direkten und indirekten Signale und Botschaften der Tiere zu verstehen, desto intensiver wird im Gegenzug die Beziehung zu ihnen und desto geringer die Wahrscheinlichkeit, dass Verhaltensauffälligkeiten auftreten.

Ein Verhaltensproblem kommt selten allein

Meine langjährige Erfahrung als Katzenverhaltensberaterin hat mir gezeigt, dass Verhaltensprobleme selten allein auftreten und dass viele Katzenhalter, die mich wegen ihrer „Problemkatze" kontaktieren, mehr als ein Konfliktthema zu lösen haben. Nach meinem ganzheitlichen therapeutischen Ansatz können alle im Haushalt befindlichen Tiere und Menschen potenziell Teil des Problems, aber auch Teil der Lösung sein.

Wohnungskatzen wie auch Freigänger können unerwünschtes Verhalten zeigen. Allerdings sind meiner Erfahrung nach tendenziell reine Wohnungskatzen eher häufiger betroffen. Es ist möglich, Katzen auch in einer Wohnung ohne Freigang so zu halten, dass es dem Tier gut geht. Aber hier ist es besonders wichtig, dass Halter sich umfassend informieren, wie ihre Wohnung aussehen muss, um ihrem Stubentiger ein stressfreies Leben zu bieten. Dazu gehören nicht nur passende Utensilien, wie Kratzbäume und Katzentoiletten, sondern vor allem auch eine katzengerechte Beschäftigung. Das kann ich gar nicht oft genug betonen.

Viele Katzen leben unter nicht optimalen Bedingungen, zeigen aber nicht gleich von Anfang an, dass sie sich unwohl fühlen. Ein Verhaltensproblem kann zunächst für den Halter jahrelang nicht erkennbar sein, obwohl es schon lange latent vorhanden ist. Meistens wird es dann sichtbar, wenn ein neuer Stressfaktor hinzukommt. Für manche Halter ist es schwierig nachzuvollziehen, dass die Katze sich aus ihrer Sicht nun „plötzlich entscheidet", die angebotene Katzentoilette nicht mehr zu nutzen, obwohl sie dies jahrelang problemlos getan hat. Katzen sind extrem flexibel und anpassungsfähig, aber als Katzenfreund kann ich nicht davon ausgehen, dass ein Stubentiger schlechte Toilettenverhältnisse bis an sein Lebensende akzeptiert.

Stress löst Verhaltensprobleme aus
Stress verursacht bei Menschen sehr oft Krankheiten und ist auch einer der Hauptauslöser von Verhaltensproblemen bei Katzen. Manchen Katzenfreunden mag es absurd erscheinen, dass ihre Katze gestresst sein könnte, denn es ist ihnen meist nicht anzusehen. Auf ihre

Halter können Katzen selbst dann noch entspannt wirken, wenn ihre Katzenwelt schon längst aus den Fugen geraten ist. Menschen merken oft erst, dass etwas im Argen liegt, wenn sie durch „plötzliche" Verhaltensprobleme ihrer Katze mit der Nase daraufgestoßen werden. Viele Probleme könnten vermieden werden, wenn der Katzenbesitzer sich im Vorfeld gezielt und sachlich über das arttypische Verhalten und die Bedürfnisse seines Tieres informiert hätte.

Stress kann bei Katzen zum Beispiel durch folgende Faktoren ausgelöst werden:

› Überforderung durch Veränderungen in den Lebensbedingungen der Katze wie zum Beispiel Umzug, Urlaub, Verlust der Bezugsperson, ein neues tierisches oder menschliches Familienmitglied, ein neues Katzenklo, neue Katzenstreu, neue Möbel, Renovierungsarbeiten, Wegfall des Freigangs, neue Tabuzonen in der Wohnung oder wenn der Halter weniger Zeit mit seinem Tier verbringen kann.

› Erkrankungen, akute und chronische Schmerzen, Älterwerden und Altsein und das damit verbundene Schwinden der Kräfte, voranschreitende Demenz

› Streit und Anspannung in der menschlichen Familie

› Probleme im Mehrkatzenhaushalt

› andere, fremde Katzen in unmittelbarer Nachbarschaft oder im eignen Gartenrevier

› Langeweile und Unterforderung

Bestrafungen sind sinnlos und kontraproduktiv

Mein Behandlungskonzept schließt Bestrafung aus. Zu meiner Überzeugung gehört, dass Bestrafungen von Katzen sinnlos und kontraproduktiv sind. Vor allem die leider immer noch gängige und im Volksmund propagierte Praxis, Katzen, wenn sie außerhalb des Katzenklos urinieren, mit der Nase durch ihren Harn zu ziehen, ist brutal und mehr als unsinnig. Es ist eine Form der körperlichen Gewalt, die zudem das Verhalten der Katze nicht ändern wird, weil sie diese Bestrafung mit ihrem Verhalten gar nicht in Verbindung bringt.

Es ist außerordentlich wichtig zu verstehen, dass Katzen sich weder rächen noch provozieren noch ihren Haltern aktiv schaden wollen. Verhaltensauffälligkeiten entstehen als Konsequenz von bestehenden Missständen, falschem Umgang mit dem Tier oder aufgrund von körperlichen Ursachen. Katzen, die nicht in ihr Kistchen urinieren oder koten, verfolgen nicht das erklärte Ziel, ihre Halter zu ärgern, sondern wollen ihre Menschen auf ein Problem aufmerksam machen. Sehr oft spielen auch körperliche Gründe eine Rolle, die vom Tierarzt abgeklärt werden müssen. Wenn man Katzen bestraft, verängstigt man sie zudem und stört damit die Beziehung nachhaltig. Gewalt wie Schütteln, Treten und Schlagen oder auch einfach nur mit Dingen zu werfen, zerstört das Verhältnis zum Tier – in vielen Fällen für immer. Ganz bestimmt werden durch physische Gewalt Verhaltensprobleme ausgelöst und bestehende verstärkt.

Problemkatzen brauchen Hilfe, viel Verständnis, Geduld, Liebe und Zuwendung. Verhaltensänderungen und nachhaltige Resultate erreicht man nur durch positive Bestärkung. Letzteres gilt natürlich genauso für andere Haustiere wie Hunde und Pferde. Leider sieht die Realität anders aus: Gerade Hunde und Pferde erfahren oft körperliche und psychische Gewalt durch ihre Halter.

Das komplexe Gefüge Mensch-Katze

In diesem Buch möchte ich Ihnen zeigen, was Menschen ihren Katzen, die ihre Gefährten sein sollten, manchmal ohne böse Absichten zumuten oder verweigern. Es ist für Menschen scheinbar schwierig zu erkennen, was Katzen wirklich brauchen. Des Weiteren erkläre ich, wie Stubentiger „ticken", und werde deutlich machen, wie sich bestimmte Situationen für die Katze selbst anfühlen, um dadurch Verständnis für ihr Verhalten zu wecken.

Für den Menschen ist es schwierig, sich von seiner eigenen Perspektive zu lösen, um ein andersartiges Wesen mit eigenen Bedürfnissen und einer uns fremden Körpersprache zu verstehen und zu akzeptieren. Gleichzeitig erwarten wir aber von der Katze, dass sie unsere Wünsche versteht und auf sie eingeht. Sie soll zum Schmusen aufgelegt sein, wenn wir es sind, sie soll sich zurückhalten, wenn wir ein Bedürfnis nach Ruhe haben und uns trösten, wenn wir traurig sind. Wir Menschen sind in der Regel nicht besonders geübt darin, die Perspektive einer Katze – oder eines anderen Tieres – einzunehmen. Wir beginnen erst jetzt zu verstehen, dass auch Beziehungen zwischen Mensch und Tier auf Augenhöhe möglich und erstrebenswert sind. Das setzt ein gegenseitiges Geben und Nehmen sowie Respekt und Rücksicht voraus.

Katzengeschichten aus meinem Arbeitsalltag

Die folgenden Katzengeschichten sind mitten aus meinem Leben als Katzenverhaltensberaterin gegriffen. Ich möchte Katzenhaltern die Perspektive der Tiere verdeutlichen und ihnen innovative, zeitgemäße Lösungen für Katzenprobleme anbieten.

Jede Katze ist eine ausgeprägte Persönlichkeit, für die bei Verhaltensauffälligkeiten individuell angepasste Lösungen gefunden werden müssen. In der Regel ist es der Mensch, bei dem der Schlüssel zur Lösung der Probleme liegt. Die Katzen spiegeln das Leben ihres Halters, sie sind, gerade in der reinen Wohnungshaltung, durch die Lebensumstände ihres Menschen unmittelbar beeinflusst.

Ich verstehe mich als Mittlerin zwischen Mensch und Tier, meine Aufgabe ist es, die zugrunde liegenden Ursachen der Probleme aufzuzeigen und nicht nur die Symptome zu behandeln.

An den geschilderten Fallbeispielen wird deutlich, was alles die Beziehung zwischen Mensch und Tier belasten kann und worin die Missverständnisse bestehen. Verhaltensprobleme haben oftmals vielfältige Ursachen und müssen differenziert betrachtet werden.

Namen, Umgebung und Orte wurden geändert, um die Privatsphäre der Beteiligten zu wahren. Ähnlichkeiten mit realen Personen und Umständen wären rein zufällig. Die Geschichten sollen exemplarisch Probleme verdeutlichen und einen Einblick geben, wie vielfältig und komplex das System Mensch – Katze ist.

🐱 Probleme im Mehrkatzenhaushalt

Ob Katzen Einzelgänger sind oder nicht, ist ein in Deutschland viel diskutiertes Thema, auf das ich oft und kontrovers angesprochen werde. Als ob es hier um eine Art Glaubenskrieg ginge, den die eine oder die andere Seite gewinnen könnte. Meine angelsächsischen Kollegen können die Aufregung um das Thema, ob Katzen allein oder besser mit Artgenossen leben sollten, nicht nachvollziehen. Nach jeder Sendung über einen geglückten oder missglückten Fall einer Katzenzusammenführung erhalte ich Zuschriften, in denen die Zuschauer vehement für die eine oder die andere Seite eintreten.

Meiner Meinung nach kann man die Frage nicht pauschal beantworten, denn die beobachteten sozialen Formen, wie Katzen zusammenleben, sind unglaublich vielfältig. Es gibt keine eindeutigen und vor allem auch keine allgemeingültigen Antworten. Katzen sind sowohl als auch, die einen Individuen ziehen das Zusammenleben mit anderen Katzen vor, andere neigen eher zum Einzelgängertum oder verstehen sich nur mit einem bestimmten Katzenpartner. Es gibt unter anderem Sozialformen, in denen Kater sich zu sogenannten „Katerbruderschaften" zusammenfinden, es gibt enge Bindungen unter verwandten und/oder befreundeten Kätzinnen, die ihren Nachwuchs gemeinsam aufziehen, es gibt feste Paarbeziehungen, Katzenkolonien mit festen Regeln sowie ausgemachte Einzelgänger, die keine andere Katze neben sich dulden, um nur die wichtigsten aufzuzählen.

Biologisch betrachtet gibt es für Katzen außer in der Paarungszeit keine Notwendigkeit, mit Artgenossen zusammenzuleben. Sie jagen allein, besetzen ein eigenes Revier, sind autark und brauchen zum Überleben keine andere Katze. Wenn Katzen hingegen gut mit Artgenossen sozialisiert sind, leben sie oft gern mit anderen Katzen zusammen und profitieren davon.

Sozialisierung ist ein soziologischer Begriff, der auf Katzen übertragen bedeutet, dass die Katze in ihren ersten Lebensmonaten lernt, „Katze unter Katzen zu sein". Vorausetzung ist dafür, dass sie meiner Erfahrung nach bis mindestens zur zwölften Woche mit dem Muttertier und Katzengeschwistern zusammengelebt hat, viel positiven Kontakt zu ihresgleichen hatte und dadurch die Katzensprache gut gelernt hat. Aber selbst dann können und wollen sie später nicht unbedingt mit jedem Katzenindividuum ihr Leben teilen. Es ist anzunehmen, dass die Hauskatze im Zuge der Domestikation sozialer geworden ist, als es ihre Vorfahren waren. Dies bedeutet jedoch nicht, dass jede Katze mit anderen Katzen gehalten werden möchte und dass alle Katzen Artgenossen für ihr Glück brauchen. Leider hat die letztere Annahme meiner Ansicht nach genauso viel Leid über Katzen gebracht wie die Sichtweise des unsozialen Einzelwesens. Die Mehrzahl der Halter, die mich konsultieren, als auch das Gros der Bewerber für die Fernsehsendung „Katzenjammer" haben Probleme im Mehrkatzenhaushalt. Unsauberkeit, die auch ich lange als Verhaltensproblem Nummer eins angesehen habe, ist oft eine Konsequenz der Katzenkonflikte untereinander.

Katzen sind keine unsozialen Tiere

Eine der hartnäckigsten Mythen über Katzen ist die Annahme, sie seien *per se* unsoziale und egoistische Kreaturen. Diese Ansicht hält sich nicht nur in der breiten Öffentlichkeit, sondern auch teilweise in der wissenschaftlichen Literatur und hat den Katzen sehr geschadet.

Ich erlebe in meiner täglichen Praxis allerdings die Auswirkungen von sozial vereinsamten Katzen, die zudem in einer reizarmen Umgebung leben und nur noch ihren Menschen als Interaktionspartner haben. Für diese Tiere kann selbst die kleinste Veränderung ihres Lebensraums Wohnung zur existenziellen Bedrohung werden. Kleinigkeiten, die uns lächerlich erscheinen – etwa ein neuer Teppich oder das Umstellen der Möbel –, kann für sozial vereinsamte Katzen immensen Stress bedeuten und Verhaltensauffälligkeiten auslösen.

Katzen können durchaus sehr gesellig sein und scheinen, wie Beobachtungen bezeugen, sich auch spontan zu größeren Ansammlungen ohne für uns ersichtlichen Grund zu treffen, um nach einer gewissen Zeit der Gemeinsamkeit wieder friedfertig allein ihrer Wege zu ziehen. Bei der Interpretation dieser von Leyhausen zuerst beschriebenen Treffen gehen die Meinungen allerdings auseinander. Eins wird jedoch deutlich, nämlich dass bei Katzen Freiwilligkeit ein wichtiger Aspekt zu sein scheint und dass sie nicht auf andere Katzen existenziell angewiesen sind.

Das bedeutet in der Konsequenz, dass es auch keine einfache Entscheidung gibt, für oder gegen einen Mehrkatzenhaushalt.

Die Chemie muss stimmen

Der Mensch ist wie seine nächsten Verwandten, die Menschenaffen, ein ausgewiesenes Gruppenwesen; wir brauchen enge Bindungen zu anderen Menschen, damit es uns gut geht. Studien haben gezeigt, dass Menschen mit stabilen Beziehungen oder einem gut funktionierenden Freundeskreis seltener krank werden und sich nach Erkrankungen und Operationen auch oft schneller regenerieren können. Einzelgänger hingegen scheinen besonders mit Stresssituationen signifikant schlechter umgehen zu können. Sie produzieren in belastenden Situationen höhere Mengen des Stresshormons Kortisol, das wiederum körperliche Symptome wie Schlaflosigkeit bewirken kann. Für uns Menschen ist ein Leben ohne andere Menschen de facto undenkbar. Dennoch haben wir bestimmte Präferenzen, wir finden manche Menschen sympathischer als andere, die Chemie stimmt eben nicht bei jedem. Man kann wissenschaftlich beweisen, dass beispielsweise der Geruch eines Menschen viel mit dessen Anziehung auf andere zu tun hat. Bei Katzen ist es ganz ähnlich, auch bei ihnen muss die Chemie stimmen. Als Außenstehender versteht man oft nicht, warum eine Katze sich mit einem Artgenossen anfreundet und mit einem anderen nicht.

Mein Fall
Ginas späte Liebe –
Katzen entscheiden selbst, wen sie mögen

Während meiner Studentenzeit adoptierte ich Gina, eine wunderbare getigerte Europäisch Kurzhaarkatze. Ich war bei Freunden zu Besuch im Taunus, in deren Nachbarschaft lebte eine Familie in einem alten umgebauten Schulgebäude. Dort fiel mir eine getigerte Katze auf, zu der ich mich sofort hingezogen fühlte und die ebenso auf mich reagierte. Man erzählte mir, dass Gina allen anderen Katzen und auch Hunden so zusetzte, dass sie allein bei ihrem Anblick erstarrten oder die Flucht ergriffen. Die zweijährige Tigerkatze war zierlich, ausgesprochen hübsch, verspielt und wirkte, als könnte sie kein Wässerchen trüben. Sie liebte es, auf dem Dach des dreistöckigen Schulgebäudes in schwindelerregender Höhe herumzuklettern und nach Katzenmanier die Welt zu erkunden.

Ginas Halter wollten sie gern vermitteln, weil sie in deren Augen den ganzen Haushalt aufmischte und die anderen zur Familie gehörenden Katzen sich nicht mehr ins Haus trauten. Andererseits, erzählten mir die Bewohner, war Gina sehr menschenbezogen und gesellig und nahm an allen Vorgängen des menschlichen Alltags regen Anteil.

Für mich war es Liebe auf den ersten Blick, und da ich in Berlin in einer Studenten-WG mit riesiger Dachterrasse wohnte, erschienen mir meine Lebensumstände für Gina passend. Also nahm ich sie mit all ihren Sachen mit nach Berlin. Die Autofahrt schien ihr wenig auszumachen und auch zu Hause lebte sie sich schnell ein. Wenn wir alle in der Gemeinschaftsküche am großen WG-Tisch saßen, war sie mittendrin, animierte jeden zum Spielen und avancierte schnell zum Liebling der WG und unserer Besucher. Niemand konnte ihr wirklich böse sein, egal was sie anstellte. Als meine Freundin und Mitbewohnerin eines Tages krank im Bett lag und sich im Fernsehen ihre Lieblingssendung ansah, wollte sie ein Brot mit ihrem Lieblingskäse essen. Gina hatte schon den ganzen Tag bei ihr auf dem Bett gelegen, und just in dem Moment, als meine Freundin die Stulle zum Mund führte, zog sie ihr geschickt mit einer ausgefahrenen Kralle die Käsescheibe vom Brot und rannte davon, um die Beute in Ruhe zu verspeisen. Meine Freundin, die gar nicht so schnell begriff, was geschehen war, biss in das unbelegte Brot und musste so lachen, dass sie sich verschluckte und einen minutenlangen Hustenanfall bekam.

Ich habe erst später in einem Gespräch mit ihren vorherigen Haltern erfahren, dass Gina eine Handaufzucht war, das heißt, sie war nicht von ihrer Mutter gesäugt, sondern mit der Flasche aufgezogen worden. Man hatte sie eines Morgens allein im Stall gefunden und konnte sich nicht erklären, woher sie kam. Das Kätzchen wurde liebevoll mithilfe von spezieller Aufzuchtmilch hochgepäppelt. Von anderen Katzen wurde sie getrennt gehalten, in der Annahme, diese würden sonst aggressiv auf sie reagieren. Das war ein Fehler und der Grund dafür, warum sie später nichts mit anderen Katzen anfangen konnte und sie sogar als Bedrohung empfand. Dieses Verhalten hat sich in meiner Berliner WG nicht gelegt. Eine Mitbewohnerin brachte eine junge weibliche Straßenkatze nach Hause, mit der Ginchen gar nicht zurechtkam. Wie ich aus heutiger Sicht weiß, wäre dieses Desaster vorhersehbar und vermeidbar gewesen. Hätten wir nicht aufgepasst und die beiden möglichst getrennt gehalten, hätten sie sich ständig bekämpft. Ich war überzeugt, dass ich Gina wohl oder übel als Einzelkatze halten musste. Umso mehr überraschte mich dann die folgende Entwicklung in Ginas Beziehungsleben.

Unsere Wohnung lag in einem Dachgeschoss. Einen Stock tiefer wohnte ein DJ mit seinem Siamkater namens Joey. Ihn hörte ich oft in siamtypischer Manier schreien und lernte ihn eines Tages im Sommer kennen, als er plötzlich in der Luke der Feuertreppe vor unserer Dachterrasse auftauchte. Joeys Mensch arbeitete nachts und verschlief einen großen Teil des Tages. Wenn dem äußerst unternehmungslustigen Kater langweilig war, ging er gern im Treppenhaus auf Entdeckungstour. Als die Luke einmal offen stand, nutzte Joey die Gelegenheit und spazierte auf das Dach, während ich mit Gina auf der Terrasse lag. Meine bis dahin entspannt in der Sonne liegende Katzendame war alles andere als erfreut, als sie ihn entdeckte. Sie legte sofort die Ohren dicht an den Kopf an, ihre Pupillen wurden groß und sie fing an, laut zu knurren. Ihr war das Ganze nicht geheuer. Joey ließ sich davon nicht beeindrucken und nahm seelenruhig seinen Dachspaziergang auf, während Gina ihn ununterbrochen fixierte. Um möglichen Schaden von Joey abzuwenden, da ich Gina ja kannte, fing ich ihn wieder ein und brachte ihn nach unten, aber von diesem Tag an kam er regelmäßig zu uns hoch. Und eines Tages geschah, was ich niemals vermutet hätte: Joey saß auf unserer Terrasse. Gina schien genauso überrascht zu sein wie ich, aber es passierte nichts. Es gab kein Fauchen, Spucken oder Knurren, im Gegenteil, die beiden näherten sich langsam an. Fassungslos wurde ich Zeugin, wie sie im Lauf der Zeit sogar dicke Freunde wurden.

Irgendetwas musste Joey aus Ginas Sicht an sich gehabt haben, was anderen fehlte, wahrscheinlich stimmte einfach die Chemie zwischen den beiden. Der leicht schielende Joey war zwar keine Schönheit im landläufigen Sinne, aber er war eine starke, extrovertierte Persönlichkeit und Gina liebte ihn offensichtlich. Nun war der Kater quasi bei uns eingezogen, Gina und Joey spielten intensiv und verbrachten viele Stunden gemeinsam auf dem Dach, beide schienen die Gesellschaft des anderen sichtbar zu genießen.

Ich hatte schon darüber nachgedacht, Joey ganz zu adoptieren, und wollte seinen Halter gerade fragen, als ein tragischer Unfall geschah. Als sein Mensch eines Morgens aus einem Club nach Hause kam, saß Joey am offenen Fenster und begrüßte ihn wie immer schreiend. Dabei fiel oder sprang er aus dem Fenster und stürzte auf den Hof, direkt in die von Bauarbeitern zurückgelassenen alten Eisenteile. Er wurde regelrecht aufgespießt, es war ein grauenhafter Anblick. Ich rannte sofort nach unten, wir fuhren alle gemeinsam mit ihm in eine Tierklinik, aber Joey war auch durch eine Not-OP nicht mehr zu retten. Gina war danach lange Zeit nicht mehr dieselbe. Sie trauerte offenkundig um ihren Katzenpartner, sie hatte wochenlang an nichts Interesse und wartete nur auf ihn; es war herzergreifend. Ich habe später noch einmal versucht, sie an andere Kater heranzuführen, allerdings ohne Erfolg. Joey war ihre einzige Katzenliebe, die nicht zu ersetzen war.

Eine weitere Katze – noch mehr Glück?

Katzen suchen sich ihre Partner und Freunde selbst aus. Halter müssen verstehen, dass sie, wenn sie die Wahl für ihre Katze treffen, immer auch ein Risiko eingehen. Wie schon gesagt, entscheiden Katzen selbst, wen sie mögen und wen nicht. Als Mensch kann ich bei der Auswahl der Katzen, die miteinander leben sollen, lediglich darauf achten, ob die Katzen vom Temperament, der Sozialisierung, dem Alter und dem Geschlecht zueinander passen könnten. Außerdem sollte man die Rahmenbedingungen der Zusammenführung so hilfreich wie möglich gestalten.

Die ersten Lebenswochen sind entscheidend

Katzen, die in einem Mehrkatzenhaushalt leben sollen, müssen gut sozialisiert sein, das heißt, sie sollten nicht zu früh vom Muttertier getrennt worden sein und so oft wie möglich mit anderen Katzen und Menschen positiven Kontakt gehabt haben. Sozialisation bedeutet laut der Verhaltenstiermedizinerin Barbara Schneider „das Erlernen der Kultur, in der man lebt". Die Sozialisierung in der frühen Kindheitsphase ist das A und O für die gesunde psychische Entwicklung von Katzen, insbesondere wenn sie später mit Menschen, Artgenossen oder anderen Tieren in enger Gemeinschaft leben sollen.

Eine von Dr. Turner betreute Untersuchung zur Sozialisierung von Katzen auf Menschen und Artgenossen von Annelies Hediger hat gezeigt, dass die Sozialisierung der jungen Kätzchen auf Menschen und Artgenossen ein getrennt voneinander stattfindender Prozess ist, der zwar parallel verlaufen kann, aber nicht zwangsläufig muss. Das bedeutet, eine Katze, die sich in menschlicher Gesellschaft wohlfühlt, versteht sich nicht zwangsläufig auch mit Artgenossen gut. Der Kontakt zu Artgenossen muss gelernt werden.

Die sensible Phase der Frühsozialisierung liegt zwar zwischen der zweiten und siebten Woche. Alles, was die Kätzchen in dieser Zeit erleben und kennenlernen, werden sie für den Rest ihres Lebens prägen. Diese Phase der Sozialisierung ist mit dem Ende der siebten Woche jedoch längst nicht abgeschlossen und deswegen ist es weder für die Katze noch für ihre zukünftigen Halter sinnvoll, sie schon so früh von ihrer kätzischen Ursprungsfamilie zu trennen und nicht bis zur zwölften Woche zu warten.

Stressanfällige und unsoziale Katzen

Die leider immer noch gängige Praxis, Katzen mit der achten Woche vom Muttertier zu trennen, hat oft negative Folgen für das betreffende Tier und seine zukünftigen Halter. Die meisten Dinge, die während der Sozialisation nicht gelernt wurden, beeinträchtigen das Kätzchen lebenslang. Das gilt speziell für den fehlenden Kontakt zu und der damit nicht gelernte Umgang mit Wurfgeschwistern ab der achten Woche. Auch für Katzen gilt der abgewandelte Spruch: „Was Hänschen nicht lernt, ist für Hans sehr schwierig oder in manchen Fällen überhaupt nicht mehr erlernbar."

In meiner Beratungspraxis wurde ein Großteil der verhaltensauffälligen Katzen zu früh von der Mutter und den Geschwistern getrennt. Meine Erfahrung ist, dass diese Katzen lebenslang stressanfälliger sind und deutlich schneller mit Verhaltensproblemen reagieren als Katzen, die bis zur zwölften oder besser noch bis zur sechzehnten Woche beim Muttertier und den Geschwistern lebten. Manche Defizite können zwar im späteren Leben kompensiert und Erfahrungen nachgeholt werden, doch das ist von der Persönlichkeitsstruktur der betroffenen Katze abhängig. Die Chance auf einen guten Start in die Gemeinschaft – sowohl die menschliche als auch in die der Artgenossen – ist jedenfalls erst einmal vertan.

Bestehen Sie auf ein artgerechtes Abgabealter

Der wichtigste Grund, warum Katzen zu früh abgegeben werden, ist, dass die Tiere in dieser Phase schon feste Nahrung zu sich nehmen und die Kosten für Futter und Katzenstreu dementsprechend steigen, sodass der Gewinn durch den Verkauf der Kätzchen geschmälert wird. Außerdem machen Kätzchen, die älter als acht Wochen sind, mehr Arbeit. Letztlich entscheiden monetäre Interessen über das Wohl der Tiere. Wenn Sie eine Katze adoptieren möchten, die Verkäufer diese jedoch nicht bis zur zwölften Woche bei sich behalten wollen, können Sie anbieten, die Kosten für Futter und Streu anteilig zu tragen. So kann Ihre Adoptivkatze noch einige Wochen länger lebenswichtige Erfahrungen mit ihrer gesamten Katzenfamilie sammeln.

Sozialverhalten spielerisch erlernen

Das gemeinsame Spiel unter den Katzengeschwistern nimmt von der vierten Woche an zu und spielt laut der britischen Katzentherapeutin Vicky Halls bis zur vierzehnten Woche eine wichtige Rolle. Katzen erwerben emotionale und motorische Selbstkontrolle durch das Spiel mit den Geschwistern und durch die Erziehung der Katzenmutter. Dabei werden aktiv Grenzen erfahren, die Katzen erwerben eine sogenannte Frustrationstoleranz. Die Katzengeschwister erproben sich gegenseitig in allen wichtigen Rollen und erfahren, dass sie gebremst werden, wenn sie zu harsch spielen oder andere Unarten entwickeln, die der friedlichen Koexistenz abträglich sind. In solchen Auseinandersetzungen lernen Katzen, wie weit sie beim Spielen gehen können, was in ihrem Sozialgefüge toleriert wird und wann sie die Grenze überschreiten, indem sie dafür auf Katzenart gemaßregelt werden. Egal wie eng die Bindung an uns Menschen auch sein mag, wir können nicht die Aufgaben anderer Katzen übernehmen. Im Interesse des Kätzchens sollten wir darauf verzichten, es zu früh aufzunehmen.

Fehlende Selbstkontrolle kann sehr schmerzhaft für Katzenhalter sein

Viele Menschen glauben fälschlicherweise, dass die Katze-Mensch-Beziehung davon profitiert und die Katzen sich enger an sie binden würden, wenn sie ihre Katze möglichst früh zu sich nehmen. Daraus resultieren weitverbreitete Probleme wie fehlende Selbstkontrolle, beispielsweise beim Spielen mit dem Halter. Ich habe das Ergebnis so mancher schmerzhafter Erfahrungen bei Katzenhaltern gesehen, deren Zehen, Füße, Waden, Arme und Gesichter zerkratzt und zerbissen waren, weil ihre Katzen nie gelernt hatten, dass ihr wildes Spiel nur ihnen Spaß macht, nicht aber dem Mitspieler. Die Haut des Menschen ist im Übrigen wesentlich dünner als die eines kätzischen Mitbewohners. Nach einer Fernsehsendung, in der ein junger Kater vorgestellt wurde, der seine Halterin vor dem Schlafengehen ansprang und zerkratzte, erhielten wir zahlreiche Hilferufe per E-Mail sowie Beschreibungen von ähnlichen Erfahrungen auf meiner Facebook-Seite.

Unsoziale Handaufzuchten

Auch Mitkatzen haben keine Freude an allein aufgezogenen Handaufzuchten, wie viele Katzen, die mit der handaufgezogenen Katze Gina Kontakt hatten, erfahren mussten. Das Gegenteil zu Gina ist mein Kater Marvin, der bis zum vierten Monat bei den Geschwistern und beim Muttertier bleiben durfte. Er ist in der Lage, mit verschiedenen Katzenindividuen Freundschaft zu schließen, unter anderen auch mit einem Kater, der sonst keine Katzen neben sich duldet. Ich bin täglich dankbar dafür, dass er einen so guten Start ins Leben hatte und damit Wechsel und Veränderungen immer problemlos übersteht. Er ist mein bester Lehrer für viele Klienten, die mit seiner Hilfe das Clickertraining und die Tierkommunikation erlernen. Sein Katzenkumpel Matisse orientiert sich an ihm, speziell wenn es stressige Situationen gibt, wie z. B.

Handwerker im Haus. So kann der psychisch Stabilere dem Schwächeren helfen und unnötige Panikreaktionen souverän unterbinden – er vermittelt ihm das Gefühl von Sicherheit und Geborgenheit.

Katzenadoptionen wollen geplant sein

Deshalb ist es wichtig, sich vor der Entscheidung für eine Zweitkatze gut zu informieren oder auch kompetenten, neutralen Rat einzuholen. Hundertprozentige Vorhersagen kann niemand abgeben, auch kein Katzenexperte, man kann nur durch genaue Beobachtungen und Hintergrundinformationen eine Prognose erstellen, ob zwei Katzen charakterlich und von ihren Voraussetzungen her zusammenpassen und eventuell zu einem guten Team zusammenwachsen könnten. Auch wenn die Katze letztendlich selbst die Wahl trifft, mit wem sie sich versteht und mit wem nicht, kann ich als Halter Weichen stellen und so die Wahrscheinlichkeit erhöhen, dass zwei Katzen zueinanderfinden. Dazu gehört eine durchdachte und systematische Zusammenführung der Katzen, wobei die Katzen das Tempo bestimmen. Vor dem Einzug einer neuen Katze muss sichergestellt werden, dass wichtige Ressourcen in ausreichendem Maße für alle Tiere zur Verfügung stehen. Dazu gehören ausreichend Platz, warme, trockene und kuschelige Rückzugsorte, Liegeflächen und Beobachtungspunkte auf verschiedenen Ebenen, Katzentoiletten, Kratzmöbel, Menschenhände zum Streicheln, Zeit für qualitative Interaktion, artgerechte Beschäftigungsangebote sowie die finanziellen Mittel für hochwertiges Futter und medizinische Betreuung.

Manchmal muss man die Reißleine ziehen

Trotz aller Bemühungen kann es vorkommen, dass Katzen klar zu erkennen geben, dass sie sich nicht auf eine Mitkatze einlassen wollen, denn Katzen lassen sich nie zu einem Zusammenleben zwingen.

Unpassende Charaktere arrangieren sich glücklicherweise manchmal auch in Form einer friedlichen Koexistenz, zum Beispiel dann, wenn sich die Katzen aus dem Weg gehen können und ihre Ressourcenverteilung und -nutzung selbstständig regeln können. In der Praxis kann das dann so aussehen, dass die Katzen beispielsweise geklärt haben, wer zu welchen Zeiten welchen Liegeplatz benutzen darf. Diese Lösung ist für viele Halter mit Problemen im Mehrkatzenhaushalt eine Traumvorstellung.

Wenn man alles versucht hat, auch mit professioneller Hilfe, die Katzen aber nicht miteinander auskommen, bleibt dem Halter nichts anderes übrig, als die Entscheidung der Katzen zu akzeptieren.

Einer meiner Fälle spielte sich auf einem riesigen Grundstück ab, auf dem sich die beiden beteiligten Streithähne, zwei Kater, problemlos hätten aus dem Weg gehen können. Doch es klappte nicht, weil der eine Katzenmann absolut keinen Zentimeter seines Reviers mit dem anderen teilen wollte und die Tiere sich gegenseitig immer wieder verletzten. Hier kann man nur die Reißleine ziehen und empfehlen, für eine Katze ein passendes und liebevolles neues Heim zu finden. Wenn sich Katzen erst einmal entschieden haben, dass sie mit ihrer Mitkatze partout nicht auskommen, dann ist diese Entscheidung endgültig, leider hilft dann auch keine Therapie mehr. Die wenigsten Halter verstehen das. Sie machen sich oft nur widerwillig auf die Suche nach einem neuen Zuhause für die betroffene Katze.

Wenn für eine Katze ein neues Zuhause gefunden werden muss, reagieren Männer meiner Erfahrung nach oft einsichtiger und im Sinne der Katze vernünftiger als Frauen. Wahrscheinlich müssen sie das auch, weil Frauen eher die emotionale Rolle im Beziehungsgefüge besetzen. Andererseits sind es aber auch tendenziell eher Männer, die beispielsweise nicht mit einer unsauberen Katze weiterleben wollen und die manchmal sogar vehement darauf drängen, dass eine „Problemkatze" eingeschläfert werden soll.

Mein Fall
Familie Seibert, Lotte und Leo –
Lotte kann nicht mehr mit ihrem Bruder leben

Im Fall von Familie Seibert war die aktive Suche des Ehemanns, eine Katze abzugeben, für alle Beteiligten genau die richtige. Familie Seibert hatte ein junges Main-Coon-Geschwisterpärchen, Kater und Katze, im Alter von acht Wochen von einer Züchterin erworben. Zuerst verstanden sich die beiden gut, aber nach acht Monaten wurde Lotte unsauber, da ihr stürmischer Bruder Leo ihr mit seinen wilden Spielen sehr zusetzte. Sie zog sich zurück und mied den Kater, dann begann sie, neben das Katzenklo zu urinieren, schließlich auch aufs Bett, bis immer mehr Stellen verschmutzt wurden.

Frau Seibert war verzweifelt, auch weil ihr Mann immer ärgerlicher wurde und sie aufforderte, entweder etwas zu unternehmen oder die Katzen abzugeben. Ein Jahr lang wurden Leo und Lotte von einer Tierärztin erfolglos homöopathisch behandelt. Letztendlich wurde Lotte in ein neues Zuhause vermittelt. Dort blühte sie innerhalb kürzester Zeit auf und war kein einziges Mal mehr unsauber. Für Leo wurde ein gut sozialisierter Katerkumpel, mit dem er ausgiebig raufen konnte, gefunden.

Die Erfahrung hat mich gelehrt, wie schwierig eine Vorhersage sein kann. Ist ein Versuch sinnvoll, den Mehrkatzenhaushalt zu normalisieren, oder sollte man besser gleich ein passenderes Zuhause für eine Katze suchen?
Ich halte es für angebracht, alle therapeutischen Maßnahmen auszuschöpfen, nicht nur wegen der Katze, sondern auch wegen der menschlichen Familienmitglieder. Viele Halter können erst loslassen, sobald sie das Gefühl haben, dass alles versucht wurde. Zudem habe ich erlebt, dass Katzen selbst in aussichtslos erscheinenden Situationen einen Weg gefunden haben, sich zu arrangieren.

Wenn Katzen die Entscheidung treffen auszuziehen

Es gibt auch zahlreiche Fälle, in denen Katzen eigenständig die Entscheidung treffen, nicht mehr in einem Haushalt leben zu wollen, und sich ein neues Zuhause suchen. Ich höre immer wieder von Kunden, ihnen sei eine Katze zugelaufen, die nach und nach bei ihnen eingezogen sei. Meistens schleichen sie erst einmal im Garten herum und sondieren die Lage. Allmählich arbeiten sie sich näher an das Haus heran, sitzen schließlich in der Küche vor dem Futternapf, bis sie eines Tages endgültig einziehen. Manche Katzen lassen sich Zeit beim Umziehen, andere sind von einem Tag auf den anderen verschwunden. Das bringt nicht selten die auserwählten neuen Menschen in Schwierigkeiten, denn nicht jeder Katzenhalter hat Verständnis dafür, dass seine Katze lieber beim Nachbarn leben möchte. Doch wir sollten die Entscheidung einer Katze respektieren, auch wenn es zunächst wehtut. Zum Bleiben zwingen lässt sie sich nicht.

Mobbing unter Katzen: Täter oder Opfer?

Viele Menschen verstehen nicht, dass Katzen manchmal nicht zueinander passen oder sich einfach nicht mögen. Sie gehen davon aus, dass die aggressivere Katze grundsätzlich der Täter ist, die die arme andere mobbt. Sie beschimpfen und verdammen die Angreiferin und sehen nicht, wie viel Stress auch die schikanierende, scheinbar überlegene Katze hat.

Mobbing unter Katzen ist weit verbreitet, allerdings nicht immer offensichtlich, da es nicht unbedingt zu körperlichen Auseinandersetzungen führen muss. Häufig sind die Anzeichen sehr subtil. Katzen üben Psychodruck auf andere Katzen aus, ohne dass der Halter etwas davon merkt. Die gemobbte Katze zieht sich immer mehr zurück, verkriecht sich und wird möglicherweise unsauber oder anderweitig verhaltensauffällig. Auch die Mobberkatze leidet, was für viele Halter nicht ersichtlich ist. Auch sie kann nicht mehr richtig entspannen, sondern ist ständig darauf bedacht zu kontrollieren, was die gemobbte Katze gerade macht. Das Resultat ist, dass alle, vermeintliche Täter- wie Opferkatze, in einer ungesunden Daueranspannung leben.

Mobbing deutet auf gravierende Probleme im Miteinander der Katzen hin. Das Problem sollte so schnell wie möglich therapeutisch angegangen werden, bevor die Fronten so verhärtet sind, dass eine Annäherung nicht mehr möglich ist. In diesem Fall muss für eine der Katzen ein neues Zuhause gesucht werden, ein Umstand, der für alle Beteiligten nicht einfach ist.

Anzeichen für Mobbing

Katzenmobbing bemerkt man häufig erst, wenn ein Tier verhaltensauffällig geworden ist. Generell gilt: Je mehr Katzen in einem Haushalt leben, desto aufmerksamer muss der Halter beobachten, ob alles im Lot ist. Mobbing bedeutet nicht notgedrungen, dass immer für den Menschen sichtbar die Fetzen fliegen. Katzenmobbing beinhaltet unterschiedliche subtile Ausdrucksformen. Mein Rat für Mehrkatzenhaushalte: Schulen Sie Ihren Blick, um kätzisches Verhalten richtig deuten zu können.

› Warnzeichen können zum Beispiel sein: wenn eine Katze immer auf der Türschwelle liegt und einer anderen damit den Durchgang verwehrt; wenn einer Katze der Zugang zur Toilette verweigert wird; wenn ihr beim Toilettengang aufgelauert wird; wenn sie unmittelbar nach ihrem Geschäft angegriffen wird; wenn ihr der Zugang zum Futter erschwert oder verwehrt wird; wenn ihr häufig aufgelauert und sie angegriffen wird, ohne dass eine spielerische Komponente zu erkennen ist.

Auslöser für Katzenmobbing

Gründe für Katzenmobbing können sein:
› Eine Katze ist für eine Zeit lang aus der Gruppe herausgenommen worden, zum Beispiel für einen Tierarztbesuch.
› Die Katzen passen nicht zusammen, durch einen weiteren Stressfaktor wurde der bisher unter der Oberfläche brodelnde Konflikt zutage gefördert.
› Unterforderung durch Langeweile
› Überforderung durch Veränderung der Lebensumstände
› Alterungsprozesse, Tumore, Krankheiten oder Schmerzen können dazu führen, dass langjährige Katzenbeziehungen zerbrechen. (Das ist aber nicht zwingend so, es gibt genug Gegenbeispiele, bei denen sich Katzen liebevoll umeinander kümmern. Wenn Sie das beobachten, ist es ein sicheres Zeichen dafür, dass die Katzen eine gute Beziehung zueinander haben. Meine beiden Kater sind ganz dicke Kumpel, auch wenn manchmal etwas wilder gerauft wird. Ist einer von beiden krank, nimmt der andere besonders viel Rücksicht und überlässt ihm sogar die sonst umlauerten Lieblingsplätze).

Gemobbte Katzen reagieren mit defensiver Laut- und Körpersprache wie Fauchen und eventuell Knurren. Je größer ihr Stresslevel wird, desto häufiger zeigen sie diese Reaktionen, auch in scheinbar harmlosen Situationen.

Oft lösen kleinere Unfälle oder Ereignisse, die in Anwesenheit der später als feindlich betrachteten Katze geschehen, das Mobbing aus. Die Mitkatze wird fälschlicherweise als Auslöser des Schreckens oder des Schmerzes angesehen und von nun an bekämpft. Je länger man mit therapeutischen Maßnahmen wartet, desto schwerer wird es, die zerbrochene Beziehung wieder zu kitten. Eine typische Situationen ist zum Beispiel, dass etwas in Anwesenheit der einen Katze herunterfällt und die andere erschrickt.

Im Fall der drei Chartreuxkater von Frau Wegner, von denen wir noch hören werden, führte eine heruntergefallene Weinflasche zu einer massiven Eskalation der Spannungen zwischen den drei Katzen. Deshalb sollte man alles sichern, was herunterfallen könnte, wenn die Katzen klettern oder herumtollen. Das ist oft mehr, als man denkt.

Ich habe in meiner Praxis schon einige Fälle erlebt, bei denen Katzen am Fenster oder an der Terrassentür standen und über etwas erschraken, das sich draußen ereignete. Das Erste, was sie nach dem Schreck bewusst wahrnahmen, war die Mitkatze, die anschließend für das unangenehme Erlebnis zur Rechenschaft gezogen wurde.

Mein Fall
Manfred Bierstein, Susi, Mira und Banji – Ein nervenaufreibender Katzenkrieg

Manfred Bierstein aus Berlin war in einer verzweifelten Situation. Er hatte die obdachlose Susi aufgenommen, eine bereits kastrierte, etwa zweijährige Katze, die eines Tages vor seiner Haustür stand. Bei ihm lebten jedoch schon Katze Mira und Kater Banji, trotzdem war Manfred Bierstein optimistisch, das zugelaufene Tier problemlos in seine Gruppe integrieren zu können.

Er hatte jedoch die Rechnung ohne Mira gemacht, die sofort die „Neue" zu drangsalieren begann. Bei jeder Gelegenheit schlug sie zu und biss die Nebenbuhlerin schmerzhaft. Schon nach kurzer Zeit musste Manfred Bierstein mit Susi zum Tierarzt, um die Wunden behandeln zu lassen, die Mira Susi zufügte. Eine kostspielige Angelegenheit, zumal Banji ebenfalls seit einiger Zeit wegen einer Bauchspeicheldrüsenentzündung in Behandlung war, sodass Manfred Bierstein seine finanzielle Belastungsgrenze durch Tierarzthonorare längst erreicht hatte.

Nach einem der vielen Arztbesuche kam Susi mit einer Halsmanschette aus Plastik, die sie am Kratzen hinderte und die Wunde in Ruhe heilen ließ, nach Hause. Mit dem unförmigen Halskragen wirkte Susi so befremdlich, dass Mira völlig verschreckt reagierte und sich in einen Schrank zurückzog oder Susi von einer sicheren Position aus belauerte.

Manfred Bierstein versuchte die Situation zu entspannen, indem er beide Katzen zusammen aufs Sofa setzte, um mit ihnen zu schmusen oder beide zum Spielen aufforderte. Aber alle Versuche scheiterten. Ja, die Situation wurde immer unerfreulicher, sodass er zuletzt sogar nachts nicht mehr durchschlafen konnte. Als Manfred Bierstein durch seine Nachbarin, die mich im Fernsehen gesehen hatte, von mir und der Möglichkeit einer Verhaltensberatung für Katzen erfuhr, rief er mich an. Er wünschte sich nichts sehnlicher als ein Ende des Katzenkrieges und die Möglichkeit, nachts wieder durchzuschlafen.

Manfred Bierstein lebte mit seinen Katzen in einer Zweizimmerwohnung auf zweiundsechzig Quadratmetern. Banji war zehn Jahre alt und als einjähriger Kater zu seinem Halter gekommen. Er war ein gutmütiges Tier und auch bereit, sich mit dem Neuzugang Susi anzufreunden. Die achtjährige Mira war als vierjährige Katze von Manfred Bierstein aus dem Tierheim geholt worden. Er wusste also nichts über ihre Sozialisation als Jungtier und ihre Vergangenheit. Mira war von Anfang an ein sehr ängstliches Tier gewesen, sie regte sich schnell und oft auf. Selbst an den sanftmütigen Banji hatte sie sich erst nach drei Jahren gewöhnt.

Feindschaft bis aufs Blut

Als ich Manfred Bierstein besuchte und mich mit dem Fall vertraut machte, war ich skeptisch und erwog schon früh, für Susi nötigenfalls ein neues Zuhause zu finden. Von solchen Maßnahmen wollte

Manfred Bierstein jedoch nichts wissen; er versicherte mir immer wieder, auch große Anstrengungen auf sich zu nehmen, damit seine drei Katzen miteinander glücklich werden konnten.

Manfred Bierstein war eine Seele von Mensch. Er liebte seine Katzen über alles und ich merkte sehr schnell, dass er für sie lebte und buchstäblich sein letztes Hemd für seine Tiere gegeben hätte.

Mein erster Eindruck von Susi war erschütternd: Sie kauerte mit der Halsmanschette auf dem Bett und war von teilweise entzündeten alten Wunden übersät. Mira hatte sich aus Angst vor dem Plastikkragen verkrochen. Manfred Bierstein befürchtete, dass sich das Kräfteverhältnis wieder umkehren würde, sobald die Halsmanschette abgenommen wurde.

Auseinandersetzungen zwischen weiblichen Katzen wie bei Susi und Mira sind nicht selten, sie drehen sich häufig um das Revier und sind aus verhaltensbiologischer Sicht leicht zu erklären. Weibliche Katzen brauchen einen sicheren Ort, an dem es genügend Beutetiere und Rückzugsmöglichkeiten für die Aufzucht ihrer Jungen gibt. Sie können es sich nicht leisten, ein Revier zu verlieren und ein neues erkämpfen zu müssen.

Wenn sich weibliche Tiere bekämpfen, ist es meistens ernst, oft viel ernsthafter als unter Katern. Bei den Jungs wird oft gerauft und schon kurze Zeit später kann der eine wieder friedlich bei dem anderen liegen. Bei Kätzinnen kann eine einmal besiegelte Feindschaft bis aufs Blut gehen, diese Konflikte sind trotz aller Bemühungen manchmal nicht lösbar.

Ich empfahl Manfred Bierstein, die beiden Streitkatzen erst einmal konsequent voneinander zu trennen. Der Plan war, sie zu einem späteren Zeitpunkt kontrolliert wieder zusammenzuführen. Aber erst einmal sollte jede ihr eigenes Revier bekommen. Wir spannten also Netze zwischen den Zimmern auf und schufen nur für den verträglichen Banji einen Raum, in dem er abwechselnd mit Mira und

Susi zusammen sein konnte. Damit sollte das alte Verhaltensmuster – Mira belagert Susi, um sie im passenden Moment anzugreifen – aufgelöst werden. Da alle drei Katzen, auch der phlegmatische Banji, sehr unter der stressigen Situation litten, sollte die aufgestaute Anspannung durch spielerische Bewegung abgebaut werden. Deshalb bekam Manfred Bierstein die Aufgabe, die Katzen regelmäßig zu beschäftigen und mit ihnen zu trainieren. Viele Menschen wissen, wie heilsam eine Runde Joggen, Yoga oder ein anderer Sport sein kann und wie leicht sich damit Stress abbauen lässt. Den Katzen geht es nicht anders. Bewegung ist gesund.

Zusätzlich stellte ich für Mira und Susi über einen längeren Zeitraum aufeinander aufbauende und auf jede der Katzen abgestimmte Bachblütenmischungen zusammen. Jetzt konnte es losgehen: Zunächst kam Manfred Bierstein regelmäßig zu mir, um das Clickertraining mit meinen Katzen zu lernen.

Bachblüten für die Katzenseele

Das System der von Dr. Edward Bach Anfang des letzten Jahrhunderts entwickelten Bachblüten ist hervorragend dazu geeignet, verhaltenstherapeutische Maßnahmen zu unterstützen. Ich verwende sie gern, um aus dem Gleichgewicht geratene Katzen zu stabilisieren, damit sie zu ihrer alten Form zurückkehren können. Im angelsächsischen Raum sind Bachblüten (Bach Flower Remedies) sehr geschätzt und weit verbreitet. Inzwischen erreicht die Bachblütentherapie auch im deutschsprachigen Raum einen immer größeren Bekanntheitsgrad und wird immer beliebter. Während meiner Studienzeit in England Anfang der Neunzigerjahre lernte ich die Bachblüten kennen. Ich ließ mich unterrichten und nutze die Bachblüten aufgrund der vielen positiven Erfahrungen seit nunmehr fast zwanzig Jahren für mich und meine kätzischen Klienten. Bachblüten sind durch ein spezielles Verfahren gewonnene Essenzen, die aus den Blüten wild wachsender Blumen, Bäume oder Sträucher hergestellt werden. Insgesamt gibt es achtunddreißig Blütenessenzen sowie die bekannten Notfalltropfen (Rescue Remedy). Aus den Bachblüten wird auf Basis des Befundes eine geeignete Mischung für das Tier zusammengestellt. Bachblüten wirken ganzheitlich auf Seele, Geist und Körper und unterstützen die Selbstheilungskräfte. Die bei uns wohl bekannteste Bachblütenmischung sind die Rescue-Remedy-Tropfen, eine von Dr. Edward Bach selbst zusammengestellte Kombination aus fünf verschiedenen Blüten. Sie werden, wie schon der Name sagt, bei allen kleinen und größeren Notfällen bei Mensch und Tier angewandt. Die Einnahme von Bachblüten ersetzt natürlich nicht den Besuch beim Tierarzt.

Zurück zu unserem Fall. Ich habe Manfred Bierstein von Anfang an nicht im Unklaren gelassen, dass der Weg zur Katzenharmonie lang und schwer sein würde und dass ein intensives Training mit seinen Tieren vonnöten sein würde. Er hat es beherzigt und vorbildlich umgesetzt, ich habe selten einen Klienten erlebt, der so viel Mühen für seine Katzen auf sich genommen hat. Außerdem bauten wir einiges in seiner Wohnung um, damit diese katzengerechter wurde. Ich gab ihm Tipps, wie er unter anderem mehrere Ebenen und sichere Rückzugsorte für alle drei Katzen schaffen konnte. Mein wichtigstes Ziel war es jedoch, Mira, die sich in ihrer Existenz durch Susis Ankunft bedroht fühlte, so weit zu stabilisieren, dass sie sich sicher genug fühlte, um Susi in ihrer Nähe aushalten und tolerieren zu können. Dazu haben wir ihr jede erdenkliche Unterstützung gegeben. Wir bauten vor allem auf ein intensives Clickertraining, das Manfred Bierstein beharrlich einhielt. Alle drei Katzen fanden Gefallen an der neuen Beschäftigung und Mira wurde selbstbewusster. Nach einiger Zeit konnten wir es langsam wagen, Mira und Susi, mit dem Netz als Sicherheit und unter Einsatz des Clickers, aneinander zu gewöhnen. Der Prozess dauerte fast sechs Monate, doch dann kam die erlösende E-Mail von Manfred Bierstein: Es sei endlich Ruhe eingekehrt. Mira und Susi würden sich nach wie vor nicht lieben – was auch nicht zu erwarten war –, aber es gebe keine Attacken mehr. Banji hatte sich erwartungsgemäß mit Susi angefreundet, während sich Mira und Susi miteinander arrangiert hatten.

Sorgfältig geplante Katzenzusammenführung

Etliche Problemkatzen, deren Halter meine Hilfe suchen, stammen aus Mehrkatzenhaushalten. Viele Halter beschreiben ihre Enttäuschung über die Situation so: „Statt einer friedlich herumtollenden Katzengruppe gibt es Kämpfe, Geschrei und blutige Nasen."

Manfred Bierstein war ein großes Risiko eingegangen, als er Susi Mira ohne Vorbereitung direkt vor die Nase setzte. Beide Katzen hatten eine unklare, aber offensichtlich schwierige Vorgeschichte, denkbar schlechte Voraussetzungen also für eine unvermittelte Zusammenführung. Miras Herkunft liegt im Dunklen, man kann nur ahnen, welchen Stress und welche Not Susis Ankunft bei ihr ausgelöst haben musste. Es ist naiv zu glauben, dass Katzen einen fremden Artgenossen mit offenen Armen empfangen und ihren gesamten Lebensraum bereitwillig mit ihm teilen: Schlafplätze, Toilette, Futternapf und zu guter Letzt auch die Zuwendung des Menschen. Wie würden wir uns fühlen, wenn wir nach Hause kommen und ein wildfremder Mensch plötzlich in unserm Bett liegt? Er hat zuvor unser Klo benutzt, seine Kleidung auf dem Fußboden des Badezimmers verteilt, die noch dazu nach fremdem Schweiß riecht, sich großzügig aus dem Kühlschrank bedient und trägt jetzt unseren Lieblingsschlafanzug. Selbst für die Friedfertigsten unter uns keine schöne Vorstellung, eher eine gewaltige Provokation. Es ist unwahrscheinlich, dass man einen solchen Eindringling freundlich begrüßen und willkommen heißen würde. Es gleicht einem Glücksspiel, man fordert sein Schicksal wie beim Russischen Roulette heraus, wenn man die neue und die alteingesessene Katze vom ersten Augenblick an aufeinander loslässt. Man kann großes Glück haben und die Katzen kommen trotz des schlechten Starts miteinander aus, häufig hat man aber Pech, wie ich aus meiner täglichen Arbeit gelernt habe.

Viele der gravierenden Probleme, die in einem Mehrkatzenhaushalt entstehen, sind zudem auf den ersten negativen Kontakt der Katzen zurückzuführen und somit hausgemacht. Die ersten Erlebnisse miteinander können über alles entscheiden – bei Katzen wie bei Menschen. Daher sollte man eine Katzenzusammenführung sorgfältig planen und systematisch durchführen. Die Katzen geben dabei das Timing und die Modalitäten vor, nicht der Mensch.

Mehrkatzenhaushalt – ja oder nein?

Unter dem Strich möchte ich weder zu einem Mehrkatzenhaushalt raten noch davon abraten. Ich habe mit den unterschiedlichsten Katzenpersönlichkeiten zusammengelebt, von ausgeprägten Einzelgängern wie meinen Kätzinnen Gina und Vida, über sehr gesellige Individuen wie meinen Kater Marvin bis hin zu bedingt sozialfähigen Tieren, die nur mit bestimmten Artgenossen auskommen konnten. In London habe ich in einem Haushalt mit elf Freigängerkatzen gelebt, das hat wunderbar funktioniert. Alle kamen relativ unkompliziert miteinander klar und es gab wenig Stress. Der Einzige, der den Hausfrieden manchmal störte, war der Siamkater Spooky von nebenan, der sich regelmäßig durch die Katzenklappe in unsere Küche schlich, dort das übrig gebliebene Futter auffraß, um anschließend, sehr zum Ärger meiner Landlady, von außen die Terrassentür zur Küche zu markieren.

Steht man vor der Entscheidung, eine junge Katze bei sich aufzunehmen, rate ich dazu, gleich zwei befreundete Tiere zu nehmen. Schon im Wurf erkennt man, welche Katze sich mit welcher besonders gut versteht. Wir sollten Katzen nicht nach unseren Schönheitsidealen oder Wünschen auswählen, sondern darauf achten, welche Tiere sich zueinander hingezogen fühlen. Für den Menschen bedeuten zwei Katzen nur unwesentlich mehr Arbeit, doch die Vorzüge, die zwei befreundete Katzen aus der Gesellschaft der anderen ziehen können, wiegen die Nachteile bei Weitem auf. Wenn man sich dafür entscheidet, mehrere, einander fremde Katzen zu adoptieren, ist die Chance, dass sich die Tiere miteinander anfreunden, am größten, wenn sie gut sozialisiert sind und von ihren charakterlichen und altersspezifischen Bedürfnissen und Vorlieben zueinander passen.

Wer passt zu wem?
Es gibt keine Faustregel, wer zu wem passt, sondern nur Erfahrungswerte. Die jeweiligen Altersstrukturen sollten zunächst einigermaßen zueinander passen. Eine alte Katze und eine ganz junge, agile Katze lassen sich nicht so gut zusammenführen, weil die Tiere unterschiedliche Bedürfnisse haben. Das ältere Tier wäre genervt von dem jungen Hüpfer, das jüngere hätte keinen Kumpel zum Toben. Beide hätten keine Freude aneinander. Es ist auch schwieriger, neue Katzen einzuführen, wenn das ansässige Tier schon lange Zeit als Einzelkatze gehalten wurde.

Des Weiteren sollte man beachten, welche Geschlechter man vergesellschaften will, und dann die Tiere möglichst danach auswählen, wie sie sozialisiert wurden. Wenn Katzen in den ersten Monaten viel Kontakt zu Artgenossen hatten, treten in der Regel weniger Probleme auf, da sie lange genug die Katzensprache gelernt haben und daran gewöhnt sind, mit anderen umzugehen und zurechtzukommen.

Aufgrund meiner Erfahrungen durch unzählige Beratungen und Sammlung von Informationen, die ich von Katzenhaltern erhalte, komme ich zu der Einschätzung, dass kastrierte Kater in der Regel nicht nur besser miteinander zurechtkommen, sondern sich mit größerer Wahrscheinlichkeit auch anfreunden. Allerdings können auch zwei Katzen oder eine Katze und ein Kater miteinander gut klarkommen, wenn sich die betreffenden Individuen mögen. Es ist für die Entscheidung sehr hilfreich, wenn man in Erfahrung bringen kann, ob das Tier eher mit männlichen oder weiblichen Geschwistern aufgewachsen ist und mit welchen es befreundet war. Ein Kater, der überwiegend Katzenschwestern hatte, wird sich eventuell mit einer Katzendame wohler fühlen als mit einem anderen Kater.

Dennoch kann es trotz der besten Planung geschehen, dass eine Katze die andere nicht mag oder dass sich besonders schwierige Tiere, wie im Fall der Katzen von Manfred Bierstein, dennoch annähern. Hier waren wir erfolgreich, weil der Halter sehr motiviert und engagiert war und seine Problemkatze durch viele Maßnahmen Unterstützung und damit die für sie notwendige Sicherheit erhalten hat.

🐈 Katzentraining

Viele Halter stehen dem gezielten Training skeptisch gegenüber, da wir unsere Katzen ja gerade wegen ihres Eigensinns und ihrer Unabhängigkeit lieben. Manche Halter haben sogar das Gefühl, sie würden Verrat am Wesen ihrer Katze begehen, wenn sie ihr beibringen, bestimmte Aufgaben zu erfüllen. Zudem hält sich hartnäckig das Gerücht, Katzen seien nicht erziehbar. Aus dem selbstbestimmten Leben, das Katzen gern führen, wird oft gefolgert, sie seien weder lernfähig noch willig. Das stimmt so nicht, das Gegenteil ist der Fall.

Das Training, das ich propagiere, hat nichts mit Gehorsam, Unterordnung oder gar Zwang zu tun. Es ist ein gemeinsamer Austausch auf Augenhöhe – Mensch und Katze lernen, auf partnerschaftlicher und freundschaftlicher Basis miteinander umzugehen. Mensch und Tier entwickeln eine Sprache, ein wunderbares Ritual, das beiden Freude und Entspannung garantiert. Mit dem Training fordern und fördern wir unsere samtpfotigen Begleiter, im Vordergrund stehen Spaß, Motivation, positive Verstärkung und Erfolgserlebnisse. Viele von Ihnen werden es schon ahnen: Ich spreche hier von den fantastischen Erfolgen, die wir mithilfe des Clickertrainings erzielen können.

Katzenhobbys

Katzen, die nicht ausgelastet sind und deren Talente brachliegen, suchen sich oft eigene Hobbys.

Im März 2011 lud mich das SAT1 Frühstücksfernsehen dazu ein, ein besonders ungewöhnliches Katzenverhalten zu erläutern, denn die kuriosen Geschichten und die bewegten Bilder des sechsjährigen kleptomanischen Thaikaters Dusty amüsierten die halbe Welt. Dusty hatte innerhalb von drei Jahren in seiner US-amerikanischen Heimatstadt San Mateo seine Nachbarn um sechshundert Gegenstände erleichtert. Er zog sie teilweise im Beisein der verblüfften Menschen von den Wäscheleinen, klaute sie aus ihren Häusern und schleppte sie nach Hause. Darunter befanden sich Socken, Schuhe, Plüschtiere, Handschuhe und Unterwäsche. Besonders begehrt waren Bikinis und Badehosen. Dustys Halter hatten in ihrem Haus einen eigenen Raum für Katers Jagdtrophäen eingerichtet. Die Nachbarn konnten jederzeit vorbeikommen und sich ihre gestohlenen Sachen aus dem Fundus holen.

Kleptomanisches Verhalten bei Katzen ist vor allem im angelsächsischen Raum dokumentiert. Die Fälle von Kleptomanie, sonst ja eher von Menschen bekannt, betrafen Katzen jeden Geschlechts, jeder Rasse und jeden Alters. Bei notorisch klauenden Katzen handelt es sich um eine Variante des Beutezugs. Statt sich mit normaler Beute wie Nagetieren oder Vögeln zu begnügen, schleppen Kleptokatzen gern Wäsche, Plüschtiere oder andere Gegenstände ins häusliche Revier. Anders als bei den üblichen Katzengeschenken in Form von getöteten Mäusen oder Vögeln, die Stubentiger stolz ihren wenig erfreuten Haltern auf deren Kopfkissen präsentieren, finden Halter und sogar bestohlene Nachbarn die Beutezüge der Kleptokatzen unterhaltend. Das lobende Verhalten der betroffenen Menschen verstärkt das Katzentreiben, denn die Katze erhält Aufmerksamkeit und dadurch positive Bestätigung.

Zudem sind Wäscheteile und Plüschtiere viel leichter zu erbeuten als lebende Tiere. Die Katze muss lebendige Beute zuerst einmal ausfindig machen, sich mühsam anpirschen und unter Umständen als Ansitzjäger stundenlang auf den richtigen Moment des Angriffs warten. Katzen sind sehr intelligente und effiziente Tiere. Sie dürfen keine Energie verschwenden. Warum sollten sie sich mehr anstrengen als unbedingt nötig? Wenn wie bei Langfinger Dusty die nächtliche Ausbeute bis zu elf große Teile beträgt, unter anderem Stofftiere oder Büstenhalter direkt von der Leine, stimmt das Verhältnis von Aufwand und Ergebnis.

Der Klamottenräuber

Eine verzweifelte Halterin schrieb mir, dass ihr fünfjähriger Kater sich angewöhnt hatte, alles an Kleidungsstücken, Handtüchern und Küchentüchern, die er in der Wohnung finden konnte, hinter sich herzuziehen und in der Küche auf einem Haufen zu horten. Mittlerweile hatten ihre Kleidungsstücke Löcher und die durch die Wohnung gezogenen Tücher mussten jedes Mal aufs Neue gewaschen werden. Die Frau beklagte sich, dass sie mit dem Waschen kaum noch nachkomme. Des Rätsels Lösung war überraschend. Auslöser des Verhaltens war eine Blasenentzündung der Mitkatze. In dieser Zeit hatte die Halterin alle Fensterbänke mit Handtüchern ausgelegt, damit es nicht zu kalt wurde, wenn die Katze darauf saß. Das Ergebnis war, dass die Halterin eines Abends, wie sie mir schrieb, nach der Heimkehr alle Handtücher auf einem Haufen in der Küche vorfand. Dieses „kleptomanische" Verhalten steigerte sich im Lauf der Zeit derart, dass der Kater schließlich alles, dessen er habhaft werden konnte, verschleppte, auch in andere Zimmer. Sogar eine schwere Wohnzimmerdecke wollte er zu seinem Frauchen ins Schlafzimmer bringen, blieb aber am Türrahmen hängen und scheiterte. In der Regel zeigte der Kater das Verhalten tagsüber, wenn seine beiden Menschen arbeiten waren. Der reine Wohnungskater war während der Abwesenheit seiner Halter gelangweilt und ist wahrscheinlich zufällig darauf gestoßen, dass er seine Zeit auch mit dem Erbeuten von Textilien verbringen könnte. Neben dem Zeitvertreib und dem Jagderfolg erzielen Kleptokatzen mit ihren Beutezügen auch eine gehörige Portion Aufmerksamkeit, besonders dann, wenn sie sich wie in diesem Fall durch die erhöhte Beachtung der erkrankten Mitkatze an den Rand gedrängt gefühlt hatten.

Hansis gefrorene Hühner

Auch der Schweizer Kater Hansi war zur lokalen Berühmtheit avanciert, als er vor einem großen Supermarkt aus dem Lieferwagen eine lange Wurstkette erbeutete und diese unter den Augen des fassungslosen Personals von dannen zu schleppen versuchte. Zuvor war er schon öfter auffällig geworden, weil er halb aufgetaute Hühner in den Garten seiner Halter schleppte und dort geduldig wartete, bis er sie anfressen konnte. Wie sich später herausstellte, legten neue Nachbarn tiefgefrorene Hähnchen zum Auftauen auf den Balkon, wo Hansi diese erbeutete. Es ist erstaunlich, wenn man bedenkt, wie viel Kraft er aufwenden musste, um ein ganzes gefrorenes Huhn nach Hause zu schleifen.

Die Hantelkater

Ganzen Körpereinsatz zeigten auch die Kater Wladimir und Rachmaninow. Sie hatten sich selbst beigebracht, nachts den Kühlschrank zu öffnen und auszuräumen. Besonders begehrt war die Milchtüte, die aus der Seitentür herausgepfötelt, mit Krallen und Zähnen angeritzt und dann ausgetrunken wurde. Salamireste und andere Köstlichkeiten waren morgens über den Küchenboden verteilt. Die Kater schliefen derweil ihren Milchrausch aus, der allerdings zu übel riechenden Durchfällen führte. Die Halter wussten sich nicht anders zu helfen, als schwere Hanteln aus ihren Sporttaschen vor den Kühlschrank zu stellen. Ein Wettlauf Hantelkilo gegen Katerkräfte begann. Wladimir und Rachmaninow schafften es, bis zu zwölf Kilo schwere Hanteln vom Kühlschrank wegzuschieben. Danach mussten selbst sie kapitulieren und begannen als Ersatz, den Spiegelschrank im Bad zu manipulieren und die Schubladen des Wohnzimmerschranks aufzupföteln.

Katzen brauchen Herausforderungen

Diese Beispiele zeigen, dass die kätzische Intelligenz und die Fähigkeit, kreative Lösungswege zu finden, ein von Katzenhaltern oft sträflich vernachlässigtes Potenzial ist. Es ist zum Nachteil der Katzen, wenn ihnen das Ausleben dieser Anlagen vorenthalten wird. Weder Tag für Tag gierig in der Nähe des Kühlschranks herumzulungern noch ständig vor der Nase herumstehendes Futter wird unsere kätzischen Raubtiere auf Dauer geistig auslasten und befriedigen. Vor allem, wenn Katzen ausschließlich in der Wohnung leben, brauchen sie geistige Anregung und Abwechslung. Um in freier Natur zu überleben, müssen Katzen permanent ihr ganzes Repertoire an Supersinnen nutzen. Sind diese Herausforderungen nicht vorhanden, kehrt schnell Langeweile ein und es ist die Aufgabe des Menschen, für Ausgleich zu sorgen. Das bedeutet konkret, herauszufinden, was meiner Katze Spaß macht und was sie braucht.

Die größten Glücksmomente mit den tierischen Gefährten können Menschen erleben, wenn sie sich mit ihnen auf eine gemeinsame Ebene begeben. Dann haben wir Halter die Möglichkeit, in die geheimnisvolle Welt unserer Gefährten einzutauchen und am Leben einer glücklichen Katze teilzunehmen.

Mein magischer Moment mit Mimi

Ich erinnere mich lebhaft und mit großer Dankbarkeit an ein Ferien-
erlebnis auf einer spanischen Mittelmeerinsel. Auf dem Grundstück
unserer Unterkunft wohnte eine frei lebende Katze, die ich Mimi
taufte. Sie lebte eigenständig und autark. Trotzdem war sie uns gegenüber sehr zutraulich – sie schien uns augenblicklich zu adoptieren.
Eines Nachts machte Mimi lautstark auf sich aufmerksam. Sie
wollte aber weder bei uns schlafen noch etwas fressen, sondern lockte mich bestimmt und unmissverständlich ins Freie. Es war dunkel
und ich hatte anfangs Probleme, mich zu orientieren, aber Mimi
übernahm die Führung. Normalerweise fühle ich mich im Dunkeln
eher unbehaglich, wahrscheinlich eine Folge meines reichlichen Kri-
mikonsums, aber ich vertraute Mimi. Sie lief nur so weit vor, dass ich
noch folgen konnte, schien sogar auf mich aufzupassen. Sie sorgte
dafür, dass ich nirgendwo stolperte, passte ihr Tempo an meinen
plumpen Menschengang an. Ich fühlte, wie sich meine Sinne langsam schärften – atmete den Duft von Rosmarin und Oleander ganz
tief ein. Ich folgte ihr durch den noch warmen, steinigen Garten an
alten Olivenbäumen vorbei zu einem erhöhten Platz, der vom Mondlicht sanft beschienen wurde. Dort setzten wir uns nieder und sie
zeigte mir die ganze Schönheit der Nacht. Wir lauschten gemeinsam
den fremden Geräuschen und dem Wind, hörten Tierlaute in der
Ferne. So saßen wir lange beieinander. Trotz Mondlicht konnte ich
die Katze in der Dunkelheit nur schemenhaft erkennen, aber gerade
dadurch hatte ich den Eindruck, als könne ich ihr eigentliches Wesen
viel klarer spüren und begreifen. Mein Unbehagen war verflogen,
wir teilten miteinander diesen magischen Moment. Die wunderbare
Mimi lud mich in ihr Zuhause, ihren Lebensraum ein, vielleicht war
es einer ihrer Lieblingsplätze. Ich fühlte mich erhaben, geehrt, tief
berührt, dankbar, dass ich diese Erfahrung mit ihr machen durfte.
Beide genossen wir dieses Geschenk der Nacht und die Vertrautheit

zwischen Mensch und Tier. Sie gab mir die Chance, die Welt aus ihrer Perspektive mit allen Sinnen wahrzunehmen – mit ihren Augen zu sehen. Ich erinnere mich immer wieder sehnsuchtsvoll an dieses Erlebnis.

Das Clickertraining

Das Erlebnis mit Mimi habe ich häufig vor Augen, wenn ich mit Katzen trainiere und clickere. Das Clickern ist eine Möglichkeit, den Tieren immer wieder etwas Neues und Spannendes anzubieten und mit ihnen zusammen wichtige Erfahrungen zu machen und neue Räume zu erobern. Clickertraining macht den Katzen Spaß und verstärkt die Bindung zum Menschen, da etwas Wichtiges gemeinsam erlebt wird: Es gibt eine Verabredung, ein Ritual entsteht, etwas Positives wird geteilt. Ich hätte mir die Intensität der Beziehung, die ich mithilfe des Clickertrainings mit meinen eigenen und den Katzen meiner Klienten erreiche, früher nicht vorstellen können. Doch jetzt weiß ich es: Clickertraining schweißt Katze und Mensch tatsächlich eng zusammen und ermöglicht eine echte Partnerschaft.

Genauso wichtig ist ein zweiter Aspekt: Wenn man zusammen mit seinen Katzen interessante Übungen entwickelt und damit neue Lebensinhalte entdeckt, kann man ihnen ein halbwegs ausgeglichenes Leben in einer Wohnung bieten. Ein Leben in der Natur wird es allerdings niemals ersetzen.

Das Clickertraining ist eine für jeden Halter erlernbare Methode, ein „tierisches" Trainings- und Konzentrationsprogramm, das fast allen Katzen großen Spaß macht und zu Ausgeglichenheit, Zufriedenheit und einem positiven Körpergefühl führt.

Viele Katzenbesitzer sind misstrauisch, weil sie glauben, durch Training werde das ursprüngliche unabhängige Wesen der Katze infrage gestellt. Einige sind der Meinung, Katzen könnten grundsätzlich nicht wie Hunde oder andere Tierarten trainiert werden. Und ein ganz kleiner Teil der Katzenhalter hält es gar für Tierquälerei, mit Katzen zu arbeiten, da Katzen dies angeblich selbst nicht wollten. Diese Besorgnis ist fehl am Platz: Hauskatzen, die etwas nicht wollen, tun es schlichtweg nicht. Ich werde keine Katze zu einer Übung zwingen können. Meine Erfahrung hat mir gezeigt, dass Clickertraining mit fast allen Katzen möglich ist. Ich habe schon mit alten, tauben, blinden oder behinderten Katzen geclickert. Häufig scheitern die ersten Bemühungen, weil der Mensch sich aus vielen Gründen zu schnell entmutigen lässt und aufgibt. Ich höre dann Ausreden wie die Katze sei zu dumm, zu alt oder die Zeit sei zu knapp, der Partner sei zu faul, zu stolz, zu langsam und so weiter.

Clickertraining beginnen

Zu Beginn des Clickertrainings kommt es darauf an, dass Mensch und Tier die Grundbegriffe verstanden haben, ähnlich wie bei einer Fremdsprache das Grundvokabular. Diese Kommunikationsform zwischen Mensch und Tier ist natürlich etwas völlig Neues, daher muss besonders am Anfang akkurat und mit eindeutigen Hilfen und Signalen gearbeitet werden. Wichtige Lernziele für den Menschen sind das richtige Timing, wie man lockt, belohnt und dabei die Körpersprache und die Reaktionen der Katze deutet.

Meiner Erfahrung nach macht man die besten Fortschritte und bleibt auch nachhaltig am Ball, wenn man sich anfangs die Grundbegriffe in einem Clickerkurs oder im Einzeltraining durch einen Profi zeigen lässt und mit dessen Hilfe übt.

Für Anfänger ist es schwierig, sich das Grundwissen aus einem Buch anzueignen, weil Erfolg oder Scheitern beim Clickern vom exakten Zusammenspiel optischer und akustischer Signale, also von exakt ausgeführten Hilfen abhängt. Deshalb sollte man nach Möglichkeit wenigstens für kurze Zeit einen Experten aufsuchen. Damit sind Mut machende Erfolgserlebnisse garantiert, die besonders zu Beginn des Trainings wichtig sind, um möglichem Frust und Misserfolgen vorzubeugen.

Durch die schwierigen Fälle in meiner Tierberatungspraxis habe ich gelernt, dass es auch beim Clickern kein Patentrezept, kein „Schema F" gibt, dem man einfach folgen kann. Jede Katze reagiert anders. Man braucht schon einige Erfahrung und sehr viel Fingerspitzengefühl, um zu erkennen, woran es manchmal hakt und was das gesamte Gelingen des Trainings blockiert, um genau an diesem Punkt der Katze die richtigen Hilfestellungen anzubieten.

Wenn der Knoten platzt

Zu Beginn erscheinen die Übungen und Abläufe des Clickerns abstrakt und der Halter ist unsicher. Das macht es auch der Katze schwer, sich zu orientieren. In dieser Phase coache ich intensiv, später dann können meine Klienten das Training in der Regel gut selbst weiterführen. Allerdings muss regelmäßig geübt werden.

Nach einem Einführungskurs oder einigen Einzelstunden, die wir auch per Skype anbieten, brauchen meine Kunden außer bei schwierigen Problemen meist kein oder kaum noch Coaching. Sie können ihr Programm selbstständig erweitern und sich dann dabei von Büchern und Videoportalen inspirieren lassen. Wenn die Katzen kein ausgeprägtes Angstthema haben, klappt das Clickern in der Regel gut, es hängt davon ab, wie vertraut Katze und Halter miteinander sind. Aber auch mit ängstlichen Katzen kann und sollte man sogar clickern, man benötigt dann allerdings mehr Geduld und möglicherweise bei sehr geräuschempfindlichen Katzen einen anderen Signalgeber als einen Clicker, zum Beispiel ein Lichtsignal. Mutige Katzen sind meistens vom Clickertraining begeistert, mit ihnen clickere ich am Anfang auch oft selbst, wenn es sich in der Wohnung des Halters ergibt. Bei ängstlichen Tieren halte ich mich im Hintergrund und coache die Halter bei der Arbeit mit der Katze.

Wenn ich das Clickertraining in der Verhaltensberatung einsetze, lasse ich mir via Skype die Übungen mit der Katze live zeigen oder schaue mir diese alternativ auf einem Video an. Dann weiß ich, ob und wo ich unterstützend eingreifen sollte.

Ich habe das Clickertraining von dem kompetenten Hundetrainer Matthias Huber, der Erfahrung als Filmtiertrainer hat, in Einzelstunden gelernt. Seine Hündin hatte bei diversen Film- und Fernsehproduktionen – beispielsweise dem Tatort – mitgewirkt.

Gewaltfreies Arbeiten mit Katzen

Das Clickertraining ist eine tierfreundliche Methode, Tiere zu trainieren oder, besser, ihnen gewünschtes Verhalten beizubringen. Es gehört zu den gewaltfreien Tiertrainingsmethoden, da es ohne Bestrafung und nur durch positive Bestärkung funktioniert. Das Training gelingt nach dem Prinzip der Verstärkung: Ein Verhalten wird umso häufiger gezeigt, wenn darauf eine positive Reaktion erfolgt. Belohnung kann für die Katze durch die Befriedigung von Bedürfnissen wie Fressen oder Schmusen, das heißt durch besondere Leckereien oder Streicheleinheiten erfolgen. Der Clicker wird niemals zur Bestrafung eingesetzt. Bestrafung hat grundsätzlich in der Arbeit mit Tieren nichts zu suchen.

Körperliche und psychische Gewalt sollte in der Erziehung von Tieren nie angewandt werden. Katzen reagieren darauf mit den jeweiligen artspezifischen und individuell passenden Mustern, wozu Vertrauensverlust, Anspannung, Rückzug, gegebenenfalls Aggression und Verhaltensauffälligkeiten gehören. Ist das Vertrauen zwischen einem bestimmten Menschen und einer Katze zerstört, ist es meistens irreparabel.

Von allen Haustierhaltern haben die Hunde- und Pferdehalter das Clickertraining mit erstaunlichen Erfolgen in ihr Training eingebaut, bevor es erst vor relativ kurzer Zeit auch für Katzen *en vogue* wurde. Dabei werden die Tiere, und in meinem Fall die Katzen, auf das Clickergeräusch konditioniert, das heißt sie verbinden das Signal mit der darauffolgenden Belohnung und der von ihnen im Moment des Clicks durchgeführten Handlung.

Beim Clickern benutzt man als weiteres Hilfsmittel einen sogenannten Targetstick, das ist ein Teleskopstab, den man zu seinem verlängerten Zeigefinger macht. Target bedeutet Ziel, woraus sich schon der Zweck des Stabes erklärt, nämlich als Orientierungshilfe für die Katze. Am Ende des Stabes ist ein kleiner Ball befestigt und die Katze hat die Aufgabe, diesem zu folgen. Das Targetstabtraining ist ein Teil des Clickertrainings, eine Vorstufe, die man für viele andere fortgeschrittene Übungen braucht. Man zeigt mit dem Targetstab, wohin sich die Katze bewegen soll, zum Beispiel im Slalom um die Hindernisse herum.

Katzen können in der freien Natur gut ohne Menschen überleben. Deshalb glauben viele Menschen, Katzen brauchten kein Training, keine Aufgaben und keine Ausbildung. Dem widerspricht, dass sie äußerst intelligente Lebewesen sind, leicht und schnell lernen und gefordert werden wollen. Sie lernen durch Beobachtung und sind ausgezeichnete Nachahmer. Im englischen Sprachgebrauch war man sich dieser Tatsache schon immer bewusst, denn der Nachmacher heißt „copycat" und der Nachahmungstäter „copycat criminal".

Viele Katzenhalter können ein Lied davon singen, was ihnen ihre Katzen alles durch Nachahmen oder Ausprobieren an Überraschungen eingebrockt haben. Katzen haben sich zum Leidwesen und Amüsement ihrer Menschen beigebracht, Wohnungs- und Kühlschranktüren zu öffnen wie Wladimir und Rachmaninow. Ich hatte eine Klientin, deren Kater das Radio anstellen konnte, mit dem Ergebnis, dass er um vier Uhr morgens, wenn ihm langweilig war und Frauchen schlief, „zum Tanz aufspielte". Ein anderer Kater hatte entdeckt, wie man die Klospülung betätigt, und tat das mit Vorliebe nachts, wenn alle schliefen und er Unterhaltung brauchte – die er dann tatsächlich auch bekam.

Ist Clickern für jede Katze geeignet?

Die Lebensbedingungen von Katzen haben sich massiv verändert. Viele leben ausschließlich in der Wohnung; wenn sie Glück haben, steht ihnen wenigstens ein Balkon oder eine Terrasse zur Verfügung. Ihnen fehlt die Möglichkeit, artspezifischen Tätigkeiten wie dem Jagen nachzugehen. Es wird erwartet, dass sie eine Katzentoilette benutzen, eine Aufgabe, die für Katzen wenigstens relativ leicht zu erfüllen ist. Sie leben sozusagen ebenerdig, Couch, Sessel und ein Kratzbaum ersetzen nur schlecht einen Lebensraum mit verschiedenen Ebenen und Versteckmöglichkeiten. Sie sollen zudem auch ihren natürlichen Aktivitätsrhythmus dem menschlichen Tagesrhythmus anpassen, etwas, das nicht allen Katzen gelingt, denn sie sind von Natur aus dämmerungsaktiv. Hier kann und muss der verantwortungsvolle Halter ansetzen und für Beschäftigung während des Tages sorgen, will er nachts zur Ruhe kommen.

Training und Erziehung bedeuten eine Hilfestellung für die Katze, sich in unserer Menschenwelt zurechtzufinden. Es erleichtert zudem die potenziell schwierigen Dinge, die Katze und Mensch gemeinsam meistern müssen, wie etwa Tierarztbesuche oder Umzüge. Es gibt erst wenige Katzenhalter, die mit ihren Katzen arbeiten, und sie werden von ihrer Umwelt oft ungläubig bis mitleidig belächelt. Doch lassen Sie sich nicht entmutigen, es werden täglich mehr, zum Wohl der Katzen. Insbesondere die von mir moderierte Fernsehsendung scheint dazu beizutragen. Nach der Ausstrahlung einer Folge rief mich ein Mitarbeiter einer großen Tierbedarfskette an und meinte, er wisse nicht, woher er jetzt so schnell so viele Clicker bekommen solle, wie nachgefragt würden. Das macht mich glücklich, bedeutet es doch, das immer mehr Katzen in den Genuss des Clickertrainings und damit von Aufmerksamkeit und Beschäftigung kommen.

Clickertraining macht Katzen nicht zu willenslosen Robotern, wie manche Katzenhalter vermuten, denn das geht dank ihrer Persönlichkeitsstruktur zum Glück nicht. Katzen tun nur das, wozu sie Lust haben, die Motivation kann Futter, Jagdtrieb oder Spiel sein, aber auch der Spaß am Lernen und das Zusammensein mit ihrem Menschen. Katzen wollen körperlich wie geistig gefordert und gefördert werden; gelangweilte und unterforderte Katzen neigen eher zu Verhaltensauffälligkeiten und Übergewicht als ausgelastete Tiere.

Katzen sind ideale und sehr dankbare Kandidaten für das Clickertraining. Dank ihrer schnellen Auffassungsgabe und ihres Nachahmungstalents ist es meist gar nicht schwer, Katzen zu trainieren. Entscheidend ist, dass sie nur durch Motivation und positive Bestätigung bereit sind, zu kooperieren, das heißt, sie müssen einen Sinn in dem von ihnen verlangten Handeln erkennen.

Gehirnjogging für Katzen
Clickertraining ist besonders für unterforderte Wohnungskatzen geeignet, da sie in einer oftmals reizarmen Umgebung wieder neue Aufgaben finden und Spaß am Lernen entwickeln können. Durch den Lernprozess werden im Gehirn – wie bei uns Menschen auch – bestehende Synapsenverbindungen verstärkt und neue ausgebildet. Das begünstigt und vereinfacht weiteres Lernen. Clickertraining kann als Art Gehirnjogging für Katzen fungieren und gegebenenfalls auch eine Präventivmaßnahme gegen die auch bei Katzen anzutreffen-

de Demenz sein. Nach einer gelungenen Clickersession sind Katzen konzentriert, glücklich, müde und entspannt. Der Clicker spielt beim Auslasten von Wohnungskatzen eine so herausragende Rolle, weil Kopfarbeit für unsere Stubentiger anstrengend und ungewohnt ist, ähnlich wie wenn wir in Abendkursen eine neue Sprache erlernen und Vokabeln pauken müssen. Aber auch bei Freigängerkatzen kann das Clickertraining sehr sinnvoll sein, denn sie können mit dem Clicker darauf trainiert werden, auf ein Signal zurückkommen, das heißt, in Notsituationen besteht die reale Möglichkeit, dass sie auf das eintrainierte Signal reagieren. Das aufgeregte Rufen einer Halterin, die sich Sorgen um den Verbleib ihrer Katze macht, führt meiner Erfahrung nach eher dazu, dass die Katze sich versteckt.

Selbstbewusstsein stärken und Stressanfälligkeit senken
Ich erlebe in meiner täglichen Praxis immer wieder, dass Katzen durch das Clickern ein ganz neues Selbstbewusstsein bekommen. Verängstigte oder schüchterne Katzen blühen auf, sogar seelische und körperliche Traumata werden besser verarbeitet. Ich setze das Clickern gern als zusätzliche Maßnahme in der Behandlung verhaltensproblematischer und -gestörter Katzen ein. Es ist eine unterstützende, sanfte Methode, um Katzen unerwünschtes Verhalten ab- und erwünschtes Verhalten anzutrainieren, wie zum Beispiel Kratzen am Kratzbaum oder die Nutzung der Katzentoilette. Clickertraining macht Katzen stressresistenter, was für Tiere, die zu Verhaltensauffälligkeiten neigen, von erheblicher Bedeutung ist.

Was kann ich meiner Katze verclickern?

Man kann Katzen wichtige, alltagsrelevante Dinge antrainieren und sie auf potenziell angstauslösende Situationen wie zum Beispiel den Tierarztbesuch sehr gut vorbereiten.

Man kann der Katze unter anderem Folgendes beibringen:

> bestimmte Kratzmöbel zu benutzen
> entspannt in den Transportkorb zu gehen und dort zu bleiben
> stressfreier im Auto mitzufahren
> Fellpflege mit Kamm und Bürste zu akzeptieren
> durch eine Katzenklappe zu gehen
> Katzengeschirr zu akzeptieren und an der Leine zu gehen
> sich auf den Arm nehmen und anfassen zu lassen
> sich auf ein Signal hin zu setzen und stillzuhalten
> auf ein Signal hin zu kommen und zu einer bestimmten Uhrzeit zurückzukommen
> die menschliche Toilette zu benutzen, wie es in Australien und den USA *en vogue* ist
> medizinisches Training zu akzeptieren, das heißt, möglichst stressfrei den Tierarztbesuch, die Untersuchung und die Behandlung durch den Tierarzt zu erleben; man kann vorher die einzelnen Untersuchungsabläufe trainieren; dazu gehören Maul-, Ohren-, Augen- und Krallenkontrolle; auch das simulierte Setzen von Spritzen sowie die Eingabe von Tabletten und Pasten kann mit dem Clicker geübt werden
> Gesundheitsprophylaxe zu akzeptieren (Fellpflege, Zähneputzen, Krallenschneiden für ältere Katzen, Medikamente verabreichen)

Geschicklichkeits- und Bewegungstraining

Clickern eignet sich auch zur Unterstützung bei einer Diät, indem ich die Katze zu mehr und gezielter Bewegung animiere. Übergewicht birgt die Gefahr chronischer Erkrankungen wie Verdauungsprobleme, insbesondere Verstopfung, Gelenkprobleme, Belastung des Herz-Kreislauf-Systems, psychische Belastung durch Schwerfälligkeit und weniger Elan zum Spielen und Toben. Man kann mit seiner Katze aber auch einfach nur zum Spaß clickern. Die Übungen sollten immer den natürlichen Bewegungsabläufen von Katzen entsprechen, zum Beispiel klettern, springen, rennen und jagen. Spiel und Spaß an gemeinsamen Aktivitäten steht dabei im Vordergrund. Folgende Kunststücke können Katzen problemlos lernen:

› auf den Hinterpfoten stehen und Männchen machen
› durch einen oder mehrere Reifen springen
› von einem Stuhl zum anderen springen
› durch eine Röhre laufen
› um Kegel herumlaufen
› auf den Rücken des Menschen hüpfen oder von Rücken zu Rücken springen, über die Beine springen oder drumherum laufen
› Spielmäuse, Stoffbällchen und anderes kleines Spielgerät apportieren und vieles mehr
› über etwas balancieren

Katzen lieben Aufmerksamkeit

Nicht jede Katze will eine Auftrittskatze sein, wie zum Beispiel Kater Filou von Anke Giesemann. Die beiden haben mich oft zu Vorträgen begleitet. Für sie ist es ein Hobby und kein Job, um Geld zu verdienen. Anke hat mit dem Clickertraining und später mit den Auftritten angefangen, da sie schon bald nach Filous Einzug – er stammte von einem Bauernhof – merkte, dass sie diesem quirligen und intelligenten Kater anders nicht gerecht werden konnte. Er war unausgelastet und brauchte dringend intensive Beschäftigung und Aufgaben. Zu ausgiebigen täglichen Leinenspaziergängen kam deshalb das Clickertraining hinzu. Filou ist ein richtiger Rampenkater und genießt es, in der Öffentlichkeit zu stehen. Er hat ein breites Repertoire an Kunststückchen, die Anke mit ihm vorführen darf. Viele der Übungen wirken auf den ersten Blick nicht spektakulär. Es gibt keine brennenden Reifen und keinen Trommelwirbel, aber allein die Tatsache, dass dieser Kater ganz entspannt seine Übungen an den unterschiedlichsten öffentlichen Orten absolviert, ob im Fernsehstudio, auf Messen oder Vorträgen, ist eine großartige Leistung und zeugt von dem tiefen Vertrauen, das beide zueinander haben. Ich habe mit eigenen Augen gesehen, dass Filou zur Hochform auflief, je größer sein Publikum war. Noch ungewöhnlicher ist, dass dieser Kater Applaus liebt. Die meisten Katzen würden beim Händeklatschen zusammenzucken oder weglaufen, nicht so Filou. Ich habe erlebt, dass er erst dann bereit war weiterzumachen, wenn im Publikum laut geklatscht wurde.

Filou ist ein Ausnahmekater, nicht viele Katzen würden Vorführungen an fremden Orten genießen. Aber vielen Katzen macht es Spaß, ihr Können in den eigenen vier Wänden auch schon einmal Gästen zu präsentieren.

Mein Kater Matisse legt während unserer Clickerseminare einen besonders ausgeprägten Ehrgeiz an den Tag, speziell bei schwierigen und neuen Übungen, die er unbedingt seinen menschlichen „Schülern" vorführen will. Zwischen den verschiedenen Tricks läuft er gern aus dem Zimmer in den Flur. Wenn er zurückkommt, inszeniert er einen großen Auftritt, indem er mit einem freudigen Gurren in seine „Manege" galoppiert und seine „Stunts" zum Besten gibt, und badet dann in der Aufmerksamkeit und Bewunderung unserer Kursteilnehmer. Für ihn sind diese Erfahrungen ein wahres Lebenselixier.

Durch das Clickern wird Matisse – ein ursprünglich hyperaktiver und tendenziell aggressiver Kater, der mehrere Stationen durchlebte, bevor er zu uns kam und blieb – zu dem dankbarsten und ausgeglichensten Katzenmann, den ich mir vorstellen kann.

Clickertraining als Therapie

Als Matisse damals bei uns eintraf, war er ein extrem ruheloser Geist. Ich merkte, dass er den Kontakt zu mir, besonders den körperlichen, dringend suchte. Er setzte sich neben oder auf mich, sprang allerdings nach wenigen Sekunden nervös wieder auf und lief davon. Er hatte kein gutes Körpergefühl und konnte nur selten entspannen. Nachdem wir mit Unterstützung von Matthias Huber mit dem Clickertraining begonnen hatten, konnte er zum ersten Mal für längere Zeit ruhig an einem Platz verharren. Nach einer Clickersitzung legte er sich auf meinen Schoß, die Pfoten in die Luft gestreckt, schnurrte und schlief ein. Obwohl er schon seit Monaten bei uns lebte, kam er erst in diesem Moment wirklich an. Ich lernte daraus, wie wichtig das Clickertraining auch auf emotionaler Ebene für eine Katze ist und wie viel Sicherheit, Stabilität und Lebensfreude wir ihr mit dieser wunderbaren Methode geben können.

Kommunikation mit der Katze

Ab diesem Zeitpunkt begriff ich, dass das Clickertraining eine gemeinsame Kommunikationsform zwischen Mensch und Tier sein kann. Gemeinsam mit unseren Katzen können und müssen wir diese Kommunikation vertiefen. Die Möglichkeiten sind nahezu unendlich und der Kreativität sind keine Grenzen gesetzt. Ich schlage meinen Katzen etwas vor, animiere sie mitzumachen, bekomme direktes Feedback, und so vertiefen wir unsere Beziehung durch immer wieder neue und erfüllende gemeinsame Erlebnisse beim Clickertraining, wobei die Katzen immer Tempo und Intensität bestimmen. Das Grundkonzept ist einfach und logisch – das Potenzial riesig.

Wenn ich im Rahmen meiner Tätigkeit viel unterwegs bin, komme ich abends häufig erschöpft und gestresst nach Hause. Hatte ich anfänglich vielleicht noch innere Widerstände, mir dann auch noch Zeit zu nehmen, mich um das Clickertraining meiner Katzen zu kümmern, habe ich mittlerweile gelernt, wie sehr auch ich von dieser abendlichen Aktivität profitiere. Es ist ähnlich wie beim Yoga, das ich leidenschaftlich praktiziere. Sobald ich merke, dass ich mich stark gegen mein Training sträube, weiß ich: Heute ist es dringend nötig. Das ist das kleine Wunder, das beim Clickern geschieht. Wir tauchen tief in eine gemeinsame Welt ein, entspannen und lassen los.

Sobald ich mich intensiv und ausschließlich mit meinen kleinen Rackern und unserem Training beschäftige, sie lobe und motiviere, zeigen sie mir, wie gern sie mit mir arbeiten und sind für jede Form von Ansprache, Aufmerksamkeit, Abwechslung und Herausforderung dankbar.

Clickern heißt ungeteilte Aufmerksamkeit für Katzen
Unsere Katzen sind es gewohnt, dass sie nicht ständig unsere ungeteilte Aufmerksamkeit bekommen. Gerade in sehr arbeitsintensiven Phasen bricht es mir fast das Herz, wenn meine Katzen auf mich zukommen, sehen, dass ich beschäftigt bin, und unverrichteter Dinge wieder abdrehen. Durch das gemeinsame Spielen, Schmusen und vor allem aber auch Clickern kann ich trotzdem meinem Anspruch gerecht werden und ihnen eine konzentrierte und erbauliche Form von Beschäftigung bieten. Während ich diese Zeilen schreibe, macht Marvin mich darauf aufmerksam, dass es a) Zeit zum Clickern ist und b) wir kein Fleisch mehr für die Katzen als Leckerchen im Kühlschrank haben. Okay, Marvin, ich mache gleich eine Pause, gehe ein-

kaufen, und dann wird geclickert. Zu unser aller Wohl. Botschaft verstanden, mein Schatz!

Wenn wir uns mit unseren samtpfotigen Begleitern beschäftigen, sind wir in den wenigsten Fällen hundertprozentig bei ihnen. Wir lesen, sitzen am Computer, telefonieren, schauen fern und sind trotz der körperlichen Nähe manchmal in Gedanken weit weg. Das Clickertraining erfordert, dass wir uns ganz auf unsere Katzen konzentrieren müssen, sie bekommen diesen Unterschied mit und sind sehr dankbar dafür. Eine kurze, aber intensive Zeitspanne reicht aus, um Zeit nachzuholen, die wir aufgrund unseres Tagesrhythmus oder unserer Arbeitssituation nicht mit den Katzen teilen können. Dazu kommt, dass sich die Katzen selbst sehr konzentrieren müssen, gerade bei neuen und anspruchsvollen Übungen. Um eine Wohnungskatze in einen ähnlich angenehm müden und entspannt zufriedenen Zustand zu versetzen, wäre beim klassischen Spiel mit Spielzeugmaus & Co deutlich mehr Zeit erforderlich.

Wie kann ich das Clickertraining lernen?

Das Timing ist das A und O für das erfolgreiche Clickern. Wann muss ich den Clicker betätigen und was muss ich clickern? Eine Sekunde zu früh oder zu spät kann gerade anfangs einen großen Unterschied machen. Es ist ungefähr so, als wollte ich den Sonnenuntergang fotografieren: Betätige ich den Auslöser zu früh, ist die Sonne noch zu hoch am Himmel, mache ich es zu spät, ist sie bereits verschwunden. Nur wenn ich zum richtigen Zeitpunkt auf den Auslöser drücke, bekomme ich das erwünschte Ergebnis. Mit dem Click, der in einem bestimmten Augenblick erfolgt, teilen wir der Katze mit: Genau das, was du gerade getan hast, als der Click kam, finde ich so toll, dass du dafür belohnt wirst. Katzen sind in der Regel keine Ehrenamtler, sie erwarten Lohn und erwarten ihn direkt nach erfolgreicher

Ausführung. Richtiges Timing ist auch eine Frage der Konzentration. Wenn Katzen wollen, sind sie unglaublich konzentriert bei der Sache, wir Menschen tun uns damit häufig schwer. Die nächste Hürde, die ich bei Clickeranfängern erlebe, ist die Koordination des Clickers, des Targetstabes, der Leckerchen und eventueller Utensilien wie einem Reifen. Das will gelernt und geübt sein. Des Weiteren sollte man sich Gedanken machen, wie man die Übungen sinnvoll aufbaut. Wie kann ich mein Ziel, dass die Katze möglichst stressfrei in die Transportkiste geht, in so viele kleine Teilschritte unterteilen, dass die Katze versteht, was ich von ihr möchte, und die einzelnen Lernschritte bewältigen kann?

Hat man diese Grundlagen in einem Clickerworkshop oder beim Einzeltraining erworben, kann man sich zu Hause ein passendes Übungsprogramm erarbeiten oder zusammenstellen lassen.

Gerade in der Arbeit mit Katzen ist es wichtig, dass der Mensch zuerst selbst lernt, wie man den Clicker benutzt und wofür man ihn einsetzt. Auch die praktische Handhabung erfordert Übung, denn dabei werden oft Fehler gemacht. Manchmal werden den Katzen falsche Signale gegeben, man clickt zu früh oder zu spät oder man verwirrt die Katzen unbeabsichtigt durch die eigene Unsicherheit oder zu viel Ehrgeiz. Katzen schätzen es nach meiner Erfahrung nicht, wenn man sich beim Clickern nicht eindeutig verhält. Sie verlieren rasch die Lust und es besteht die Gefahr, das genaue Gegenteil von dem zu erreichen, was man ursprünglich wollte.

Was man zum Clickern braucht

Clicker kann man im Zoofachhandel kaufen, es gibt sie in zahlreichen Ausführungen. Der Clicker ist ein kleines Hilfsgerät, das dem Knackfrosch, einem Kinderspielzeug, ähnelt: ein geprägter, in ein Gehäuse montierter Stahlblechstreifen, der beim Biegen ein lautes

Knackgeräusch erzeugt. Viele der handelsüblichen Clicker sind leider viel zu laut und ich habe lange suchen müssen, bevor ich einen passenden gefunden hatte. Wenn die Katze (oder man selbst) sehr geräuschempfindlich ist oder man in einer hellhörigen Mietwohnung lebt, kann man auch einen Kugelschreiber benutzen. Wichtig ist, dass man immer den gleichen Clicker verwendet, denn man sollte immer das gleiche Geräusch erzeugen. Aus diesem Grund eignet sich unsere Stimme nicht, denn sie transportiert auch Emotionen und verändert sich daher häufig in Klang und Färbung.

Außerdem sind Reifen, Kegel oder Flaschen zum Slalomlaufen, Rascheltunnel, Holzbretter, Stühle und ähnliches Haushaltsinventar eine enorme Bereicherung beim täglichen Training und sorgen für die nötige Abwechslung.

Mein Fall
Sybille Wegner, Caspar, Casimir und Calvin – Drei, die nicht füreinander geschaffen waren

Das Ehepaar Wegner aus München lebt in einer eleganten, stilvoll eingerichteten Maisonette-Wohnung in einer noblen Münchener Wohngegend. Es ist eine große umgebaute Dachgeschosswohnung mit einer katzengerechten, professionell vernetzten Dachterrasse.

Da sich Herr Wegner häufig auf Geschäftsreise befand und Sybille Wegner nicht berufstätig war, hegte die ehemalige Hundebesitzerin den sehnlichen Wunsch, ihr Leben wieder mit Tiergefährten zu teilen. Sie entschied sich für Katzen, auch weil sie hoffte, dass das zukünftige Verreisen mit dem richtigen Catsitter, auf das sie sich nach der Pensionierung ihres Mannes schon freute, mit Katzen einfacher sein würde als mit Hunden. Sie hatte gründlich über unterschiedliche Katzenrassen recherchiert, die ihr von ihrer Wesensart und ihrem Äußeren zusagten, und hatte sich mit diversen Züchtern in Verbindung gesetzt. Sie entschied sich bewusst, keine Katzen aus dem Tierheim zu nehmen, da sie sich für den Umgang mit möglicherweise traumatisierten Tieren noch nicht erfahren genug fühlte und nichts falsch machen wollte.

Vier Jahre vor ihrer ersten Kontaktaufnahme mit mir hatte Sybille Wegner gezielt nach Chartreuxkatzen gesucht, weil sie von deren Schönheit und Eleganz, ihrem anthrazitfarbenen Fell und ihren goldenen Augen ganz verzaubert war. Sie entschied sich für einen Züchter, weil sie glaubte, die Herkunft der Katzen und ihre hoffentlich positiven Erfahrungen nachvollziehen zu können. Dort traf sie auf das unwiderstehliche Bruderpaar Casimir und Caspar, verliebte sich spontan in die beiden Herzensbrecher und hätte sie am liebsten gleich „eingepackt". Sie konnte aber nur Casimir „reservieren" und zahlte ihn sofort an, weil Caspar bereits für einen anderen Käufer vorgemerkt war. Sybille Wegner war enttäuscht, holte aber nach der zwölften Woche überglücklich den kleinen Casimir nach Hause, wo sie alles für seine Ankunft liebevoll hergerichtet hatte. Sie hatte sich gründlich über die richtige Haltung kundig gemacht, aber unglücklicherweise versäumte es die Züchterin, ihr mitzuteilen, dass der Kater bis dato ausschließlich Nassfutter kannte, und auch Frau Wegner fragte nicht nach, welches Futter Casimir gewohnt war.

Casimir reagierte auf die Trennung von seiner bisherigen Katzenfamilie anfangs noch ein wenig ängstlich und verschreckt, schlief aber schon in der ersten Nacht zu Sybille Wegners Freude mit in ihrem Bett. Am nächsten Morgen gab sie dem Kater Trockenfutter, mit dem er zunächst nichts anfangen konnte – er schien es nicht als Nahrung zu erkennen. Im Lauf des Tages, als der Hunger unerträglich wurde, fraß er notgedrungen davon.

Noch in der gleichen Nacht litt Casimir unter starkem Durchfall, ja es ging ihm zunehmend schlechter. Insbesondere bei sehr jungen

Katzen ist bei Durchfallerkrankungen erhöhte Aufmerksamkeit geboten, da es schnell zu einer Dehydrierung kommen und eine bedrohliche Entwicklung in Gang gesetzt werden kann. Deshalb brachte Sybille Wegner Casimir sofort zum Tierarzt, der ihm eine Infusion gab und spezielles Trockenfutter sowie „Astronautennahrung" aus der Tube verordnete, um den Durchfall zu stoppen. Die Arztbesuche mit Casimir wiederholten sich einige Male, weil sich sein Zustand in den folgenden Tagen nicht entscheidend besserte.

Eine Woche nach der Ankunft von Casimir erhielt Sybille Wegner einen Anruf der Züchterin, mit der Nachricht, dass sie, wenn sie wolle, Caspar nun doch bekommen könne, da die ursprünglichen Interessenten abgesprungen seien. Sybille Wegner war begeistert und stellte sich auch gleich vor, wie sehr sich Casimir über seinen Bruder freuen würde. In der Annahme, das Beste für die rasche Genesung des kleinen Katers zu tun, fuhr sie umgehend zur Züchterin, holte Caspar ab und brachte ihn voller Vorfreude zu seinem kranken Bruder. Sie stellte den Transportkorb mit dem maunzenden Caspar in das Wohnzimmer und öffnete die Tür. Caspar kam schnell aus der Box heraus, schaute sich kurz um und lief interessiert auf Casimir zu, der sich jedoch zu Sybille Wegners Überraschung ängstlich fauchend und knurrend verkroch. Casimirs Durchfall wurde nach Caspars Einzug schlagartig schlimmer, sodass ein weiterer Arztbesuch nötig wurde. Danach reagierte Casimir noch abweisender auf seinen Bruder, selbst wenn er ihn nur von Weitem sah. Jedes Zusammentreffen wurde mit Fauchen und lautem Geknurre quittiert. Die Züchterin, die Sybille Wegner in ihrer Ratlosigkeit anrief, riet ihr, den beiden einfach Zeit zu geben, und betonte, dass die Katzen den Konflikt untereinander ausmachen müssten.

Casimir erholte sich nur langsam und litt immer wieder unter weichem Stuhlgang und Durchfällen. Auch zu seinem Wurfgeschwister Caspar wollte sich die frühe Vertrautheit nicht wieder einstellen – im

Gegenteil: Er ging ihm gegenüber gänzlich auf Distanz. Die Brüder spielten weder gemeinsam noch dösten oder schliefen sie in der Nähe des anderen. Obwohl der kontaktfreudigere Caspar immer wieder die Initiative ergriff und sich seinem Bruder freundlich nähern wollte, wurde er von Casimir verjagt und bestenfalls unwillig toleriert. Frau Wegner tat der abgewiesene Caspar leid, da sie sein Bedürfnis nach Katerspielen und engem kätzischem Kontakt deutlich erkennen konnte. Sie überlegte, ihm einen Spielkameraden an die Seite zu stellen. So fand sie Calvin bei einer anderen Züchterin und landete mit dem neuen Katzenkind bei Caspar nach anfänglichen kleinen Annäherungsproblemen noch am selben Tag einen Treffer. Bei Casimir dagegen löste der Zuwachs eine mittlere Katastrophe aus. Er war durch die plötzliche Anwesenheit einer weiteren Katze völlig aus dem Häuschen, fauchte, knurrte und kotete nachts sogar auf das Bett, am nächsten Tag litt er stressbedingt erneut unter starkem Durchfall.

Sybille Wegner war verzweifelt. Sie hatte das Gefühl, alles falsch gemacht zu haben. Zwar hatte jetzt Caspar in Calvin einen Spielkameraden, doch bei Casimir löste der Zuwachs weitere Probleme aus; er zog sich immer mehr zurück, mied den Kontakt zu den beiden anderen Katern und wurde immer unleidiger.

Ein Missgeschick mit Folgen

Eines Abends empfing das Ehepaar Wegner Gäste, man saß in gemütlicher Runde im Wohnzimmer und genoss die Gesellschaft. Calvin und Caspar lagen auf dem Sofa inmitten der erfreuten Besucher und schnurrten. Casimir hockte abseits auf einem neben dem Sofa stehenden deckenhohen Kratzbaum und beobachtete von dort aus das Geschehen mit größter Skepsis.

Als ein Gast mit einer Weinflasche in der Hand aus der Küche kam, stolperte er über eine Teppichkante und ließ die Flasche mit voller Wucht auf den Terrakottaboden fallen. Das Knallen und Klirren der berstenden Flasche war selbst aus Menschensicht ohrenbetäubend! Casimir sprang blitzschnell vom Kratzbaum herunter und landete dabei fatalerweise auf den beiden anderen Katern. Dies gipfelte in einem wilden Gefauche und riesigen Tohuwabohu, alle drei sprinteten panisch davon und brachten sich in Sicherheit, bis auch der letzte Gast das Haus verlassen hatte.

In den darauffolgenden Tagen fauchte und knurrte jede Katze nur noch die jeweils andere an, alle drei waren völlig verstört und überreizt. Frau Wegner war so verzweifelt, dass sie mich umgehend zu sich nach Hause bat.

Entstressen – eine der wichtigsten Maßnahmen in der Katzentherapie

Als ich zwei Wochen später zum ersten Mal die Kater besuchte, hatte sich die Situation zwischen Caspar und Calvin schon merklich entspannt. Casimir hingegen knurrte, sobald er einen der anderen sah, und ließ ihn so lange nicht aus den Augen, bis sich dieser wieder aus seinem Blickfeld entfernte. Frau Wegner hatte auch festgestellt, dass sich sein Zustand verschlimmerte, wenn er Lärm ausgesetzt war, beispielsweise durch die Bauarbeiten vor ihrem Haus.

Der erste Problemauslöser in diesem komplexen Gefüge war die missglückte Futterumstellung von Casimir, nachdem Sybille Wegner ihn von der Züchterin abgeholt hatte. Dort war er an Nassfutter gewöhnt und wurde teilweise auch mit toten Eintagsküken gefüttert.

Die abrupte Futterumstellung auf denaturiertes Trockenfutter war ihm von Anfang an nicht bekommen. Sein Körper hatte sofort mit Durchfall reagiert, seine Verdauung konnte sich nie richtig normalisieren. Daraus resultierte sein körperliches Unwohlsein, das bei Katzen in der Regel Unsicherheit, bei Casimir Anspannung und latente Aggression auslöste. Das erschwerte ihm, sich mit Caspar wieder bekannt zu machen und sich später in die Katzengruppe einzufügen. Der unglückliche Zwischenfall mit der Weinflasche brachte das Fass zum Überlaufen. Sibylle Wegner fühlte sich verantwortlich und reagierte von diesem Zeitpunkt an panisch und überbesorgt bei jeder kleinsten Regung ihrer Schützlinge. Dadurch brachte sie unbewusst zusätzliche Spannung in die ohnehin schon schwierige Situation und trug zu einer Verschlechterung der Grundstimmung bei. Sie berichtete mir auch, dass sie mit den anfänglichen Durchfallproblemen wahrscheinlich zu oft beim Tierarzt war; dieser habe ihr mehrmals geraten, den Medikamenten erst einmal Zeit zu geben, um wirken zu können. Diese überflüssigen Besuche hatten Casimirs Stress nur erhöht.

Als Sybille hörte, dass Caspar doch noch zu haben war, holte sie ihn ohne groß nachzudenken nach Hause, weil sie sicher war, sie mache Casimir eine Freude und er könne so wieder gesund werden. Dies war eine Fehleinschätzung, denn Casimir war alles andere als erfreut, zumal er sich zu diesem Zeitpunkt körperlich unwohl fühlte. Er hatte Durchfall und fühlte sich elend, und dann kam zu allem Überfluss sein quietschfideler Bruder und wollte mit ihm raufen und toben. Alle Katzen brauchen bei einer Vergesellschaftung Zeit, um sich aneinander zu gewöhnen, auch Geschwister, die schon getrennt waren.

Frau Wegner ging davon aus, dass sich die beiden Brüder als Teil einer Familie „von Natur aus" lieben müssten und dass sie Casimir durch Caspars Einzug glücklich mache. Ein problematischer Aspekt war, dass beide Kater bei der Zusammenführung ganz unterschiedlich rochen: Casimir nach Krankheit, Tierarztpraxis und der neuen Wohnung, Caspar nach der Züchterwohnung.

Man hat herausgefunden, dass für Katzen, die zusammenleben, ein gemeinsamer Geruch besonders wichtig ist. Wenn sich eine Katze direkt, nachdem sie von ihrem Halter angefasst wurde, putzt, ist das nicht der Versuch, den Geruch loszuwerden, sondern dient vielmehr dazu, die Gerüche so zu verteilen, dass ein gemeinsamer Gruppengeruch entsteht. Wenn ein Individuum aus einer Katzengruppe anders riecht, kann das leicht zu Irritationen und daraus resultierenden Konflikten führen.

Insofern hatten Caspar und Casimir denkbar schlechte Bedingungen für eine Wiedervereinigung. Die Züchterin reagierte auch nicht richtig, als sie Frau Wegner zur Zurückhaltung riet und die Meinung vertrat, die Kater würden das schon unter sich regeln. Es gibt Situationen, in denen dieser Rat durchaus angebracht ist, in anderen ist es genau das Falsche. In diesem Fall wäre es sinnvoller gewesen, Casimir erst einmal gesund zu pflegen und dann die Katzen langsam zusammenzuführen.

Sybille Wegners Entscheidung, Calvin als Spielkumpanen für Caspar auszuwählen, war der Auslöser für das nächste Drama. Casimir bekam stressbedingt Durchfall und musste wieder zum Tierarzt, ein Gang, der ihm durch seine vorherigen Erfahrungen verhasst war.

Mit der Zeit näherten sich Caspar und Calvin an, wie Sybille Wegner gehofft hatte. Calvin, der Neue, kam aus einer großen Zucht, war lebhaft und gesellig und einen aktiven Haushalt mit vielen Katzen gewöhnt. Auch er versuchte, Kontakt zu Casimir aufzunehmen, aber der fauchte und knurrte bei jeder Annäherung und hielt ihn auf Distanz. Frau Wegners Traumvorstellung, dass die drei zu einem harmonischen Team zusammenwachsen würden, zusammen kuschelten und gemeinsam bei ihr im Bett schliefen, erfüllte sich nicht. Stattdessen herrschte meistens eine Geräuschkulisse aus Gefauche und Geknurre im Haus. Caspar und Calvin tollten herum, Casimir zog sich zurück und war weder am Mitspielen noch an Schmuseeinheiten mit seinen Menschen interessiert. Die beiden agilen Katzenbuben brachten mit ihrem lebendigen Spiel noch mehr Unruhe in Casimirs Welt. Es kam, wie es kommen musste.

Die Kater bekamen den Schreck ihres Lebens
Die gesamte Grundstimmung war bereits deutlich angespannt, als der fatale Vorfall im Wohnzimmer stattfand, Casimirs Sprung vom Kratzbaum. Man muss sich das weiträumige Wohnzimmer vorstellen, von dem aus die Treppe in den zweiten Stock ging; dort stand der bestimmt drei Meter hohe Naturkratzbaum in unmittelbarer Nähe des Sofas. Eine beeindruckende Sonderanfertigung, fest in der Decke verankert, perfekt konstruiert, der Traum jeder Katze. Und obendrauf saß der ängstliche Casimir. Er wog sich dort in einer sicheren Position, hatte alles im Blick und war doch außerhalb des Geschehens, während Caspar und Calvin wie immer im Getümmel waren. Casimir saß angespannt auf seinem Hochsitz, als die Weinflasche auf die Fliesen krachte, es gab einen Riesentumult, pure Panik. Casimir muss sich mit allen vieren in die Luft geschraubt haben und ist dann auf die beiden anderen Kater gefallen. Diese müssen den Schreck fürs Leben bekommen haben, zuerst der laute Knall der zerberstenden Weinflasche, dann Casimir, der von oben auf sie herabgesegelt kam.

Als ich gerufen wurde, hatten sich Caspar und Calvin wieder etwas angenähert. Frau Wegner hatte von einer Homöopathin unterstützende Mittel bekommen, die nur leider bei Casimir nicht anschlugen. Wenn er die beiden anderen sah, knurrte er und griff mittlerweile sogar an, wenn sie sich nicht entfernten; er empfand sie als existenzielle Bedrohung. Er hat seinen riesigen Schreck nicht mit den Menschen in Verbindung gebracht, sondern den beiden anderen Katern zugeschrieben. Den Unfall wertete er als einen Angriff – als einen Akt der Aggression der beiden anderen Kater ihm gegenüber. Casimirs Verhalten ist keine Ausnahme, sondern eine typische Reaktion bei Katzen. Viele Stubentiger verknüpfen negative Erlebnisse, bei denen eine andere Katze lediglich unbeteiligt anwesend ist, mit dem Artgenossen. Die andere Katze wird in Folge als Feind betrachtet und entsprechend behandelt.

Nach dem Vorfall mit der Weinflasche bemerkte Sybille Wegner immer wieder, dass Casimir extrem sensibel auf Lärm reagierte. Sie schwitzte jedes Mal Blut und Wasser, wenn ein Handwerker Arbeiten in ihrer Wohnung erledigen musste. Lärm kann für viele Katzen ein hohes Maß an Stress bedeuten. Sie hören erheblich besser als wir, speziell die hohen Töne. Dabei ist es individuell verschieden, welcher Geräuschpegel von einer Katze als unangenehm empfunden wird und somit Stress verursacht. Ähnlich wie bei uns Menschen hat jede eine unterschiedliche Toleranzschwelle. Katzen nehmen eine Fülle an Geräuschen wahr, die für den Menschen nicht mehr hörbar sind. Während wir bis zu einer Tonhöhe von einundzwanzig kHz hören, können Katzen hohe Töne bis siebenundvierzig kHz wahrnehmen, wie zum Beispiel kleinste Geräusche von Nagern. Zudem können sie Geräusche voneinander unterscheiden, die aus derselben Richtung, aber aus verschiedenen Entfernungen kommen. Ein Wesen mit einem so sensiblen Gehör fühlt sich naturgemäß in leiser Umgebung wohler, Lärm ist für Katzen ein potenzieller Stressfaktor.

Sybilles Anspannung goss Öl ins Feuer

Wenn Casimir gestresst war, spitzten sich die Probleme zwischen den Katern zu. Irgendwann schlich Sybille Wegner nur noch durch ihre Wohnung, traute sich nicht einmal mehr, Besuch einzuladen, und zuckte zusammen, wenn der Postbote klingelte. Sie lebte in ständiger Angst, die Katzen könnten sich wieder gegenseitig angehen, sobald etwas Unbekanntes passierte. Durch ihre Anspannung goss sie unbewusst Öl ins Feuer. Katzen, die eine enge Bindung an einen Menschen haben, orientieren sich auch emotional an diesem – sie reagieren unmittelbar auf dessen Stimmung und Energie. Wenn man angespannt ist, überträgt sich die Stimmung auf die Katze: Sie fragt sich, was los ist, ob sie sich Sorgen machen muss oder ob Gefahr lauert, und geht vorsichtshalber in Habachtstellung. Ehe man sich's versieht, mündet dieses Phänomen in einen Teufelskreis. Je früher der Druck aus der Situation genommen wird, desto eher löst sich die Spannung.

Ernährungsumstellung führte zu neuem körperlichen Wohlbefinden
Mein erstes Ziel war, dass sich Casimir in seinem Körper wieder rundum wohlfühlen sollte. Wir stellten seine Ernährung um, da er das Trockenfutter offensichtlich nicht gut vertrug. Das kommt bei vielen Katzen vor. Die Rückumstellung auf Nassfutter war ein schwieriges Unterfangen; wir mussten behutsam vorgehen und etwaige Rückfälle einkalkulieren. Aber schon ein paar Wochen später gehörten Casimirs Verdauungsprobleme der Vergangenheit an. Er wurde zusehends fitter, sein Fell begann wieder zu glänzen und er fühlte sich endlich wieder wohl in seiner Haut. Durch seine ängstliche Grundstruktur blieb er jedoch schreckhaft und konnte sich nicht wie erhofft mit dem lebhaften Caspar arrangieren.

Mein zweites Therapieziel war, Casimirs angeknackstes Selbstbewusstsein wiederaufzubauen und schöne gemeinsame Erlebnisse für die Katzen zu schaffen. Um dies zu gewährleisten, musste ich sowohl mit Sybille Wegner als auch mit ihren Katzen konsequent arbeiten. Es gab zunächst unterschiedliche Bachblüten für Mensch und Tier, und Sybille erhielt Einzelsitzungen im Clickertraining. Da sie fürchtete, Fehler zu machen, übernahm mein Mitarbeiter währenddessen die Arbeit mit ihren Katern. Anfangs besuchte er Sybille Wegner wöchentlich, clickerte mit ihr und den Katzen und erstellte einen systematischen Trainingsplan. Für Sybille war es wichtig, dass sie durchgängig mit Rat und Tat unterstützt wurde, und auch die Katzen nahmen das Training dankbar, ja begeistert an. Viele Halter können das für sie zusammengestellte Clickerprogramm nach der Einführung und einigen Folgelektionen über eine Videokonferenz im Internet selbstständig durchführen. Im Fall von Frau Wegner verhielt es sich anders, sie brauchte und würdigte es ungemein, dass wir sie persönlich betreuten. Jetzt, nach etwa einem halbjährigen intensiven Training – anfangs einmal pro Woche, dann in größeren Abständen –, kommt ihre Katergang nun gut miteinander zurecht. Casimir hat durch das Clickertraining und das neue Körpergefühl durch die Umstellung auf artgerechte Ernährung an Selbstvertrauen gewonnen und toleriert die anderen. Er ist mittlerweile topfit und liebt die täglichen Lektionen mit dem Clicker sehr, auch die Anwesenheit der restlichen Kater-WG irritiert ihn nicht mehr – im Gegenteil: Alle drei genießen mittlerweile die gemeinsamen Aktivitäten als Highlights in ihrem Alltag.

Durch Clickern lernt man seine Katzen ganz neu kennen

Da Sybille Wegner sehr schnell feststellte, wie positiv die Wirkung auf die Harmonie in der Katzengruppe war und auch ihre Bindung zu den Katern immer enger wurde, ist das tägliche Ritual für sie mittlerweile ein schönes Hobby, ähnlich wie eine Verabredung zum Sport oder ein Ausflug mit Freunden. Das Clickern ist eine Methode, die es uns Menschen und den Katzen ermöglicht, mehr voneinander zu erfahren und uns beim gemeinsamen Training auf einem ganz anderen Terrain immer wieder neu zu begegnen.

Sybille Wegner wird noch lange in Sorge um Casimir sein, weil er wegen seines schwierigen Starts das schwächste Glied der Gruppe darstellt. Sie hatte in der Vergangenheit das Gefühl, mit niemandem über ihr Katzenproblem reden zu können, ohne belächelt oder gar verspottet zu werden, dass sie so viel Aufhebens um ihre Katzen mache. Für viele meiner Kunden stellt es eine Herausforderung dar, öffentlich über ihren Einsatz für ihre Katzen und die Verhaltenstherapie zu sprechen. Ein Hunde- oder Pferdehalter sieht sich normalerweise nicht mit abwertenden Reaktionen konfrontiert.

Gerade deshalb waren Frau Wegner die wöchentlichen Meetings mit einem von uns sehr wichtig. Nachdem wir die Probleme benannt hatten, war es ihr möglich, ohne Scham und Berührungsängste über die Dynamiken in der Katzengruppe und auch über ihre eigenen Gefühle zu sprechen. Dies ist oft ein ganz bedeutsamer Schritt in der Therapie. Nach den ersten Erfolgserlebnissen und der Erfahrung, dass Mensch und Tier durch das gemeinsame Arbeiten unter Anleitung profitieren, lösen sich viele Blockaden – endlich ist wieder Raum für Harmonie und Entspannung. Das ist auch für uns immer ein sehr schöner und bewegender Augenblick – der Zeitpunkt nämlich, wenn wir sehen, wie viel Freude das Training allen bereitet, und alle wahrnehmen, welche Innigkeit und Intensität ganz beiläufig dabei entsteht. Ich fühle mich nach diesen Sitzungen immer sehr dankbar, dass ich an diesen faszinierenden Prozessen teilhaben darf. Nachdem der Knoten geplatzt ist, sprechen die meisten Halter auch im Freundeskreis selbstbewusst und fast schon stolz darüber, dass sie unter professioneller Anleitung mit ihren tierischen Gefährten trainieren, und einige Klienten führen das Erlernte mit ihren Katzen auch bei geeigneten Anlässen Gästen vor. Dann weiß ich, dass alle den Nutzen und das Potenzial unserer gewählten Methode verinnerlicht haben und am Ball bleiben.

Medizinisches Training mit Casimir

Präventiv arbeiteten wir auch an Casimirs negativen Erfahrungen beim Tierarzt, um ihm die Angst vor zukünftigen Besuchen weitgehend zu nehmen. Zuerst übten wir den Transport in seinem Korb, die Autofahrt und den Gang zum Tierarzt, ohne dass etwas Schlimmes passierte. Danach kam das medizinische Training. Dabei wird der Katze zu Hause mit dem Clicker antrainiert, die routinemäßigen Handgriffe beim Tierarzt zu akzeptieren. Sie soll sich daran gewöhnen, dass man ihr in die Ohren und in die Augen schaut und den

Zustand der Zähne kontrolliert. Man führt die Tiere mit dem Clicker Schritt für Schritt dahin, dass sie eine als unangenehm und bedrohlich empfundene Situation annehmen und Untersuchungen zulassen. Der Gang zum Veterinär wird so für Mensch und Tier entspannter und einfacher. Auch Ihr Tierarzt wird Ihnen dafür danken, denn viele Katzen reagieren aggressiv, wenn sie gestresst oder ängstlich sind. Zum einen wächst die Verletzungsgefahr für den Tierarzt, zum anderen muss die Katze für die Untersuchung fester fixiert werden, als sie es erträgt. Das wiederum wird den nächsten Besuch erheblich verschlimmern. So kann leicht eine Spirale der Angst entstehen, die mit sorgfältiger und zielgerichteter Vorbereitung vermieden werden kann. Zahlreiche Klienten beichten mir, dass sie seit Jahren nicht mehr beim Tierarzt gewesen sind, weil sie die Katze nicht in den Transportkorb bekommen oder sie sich beim Tierarzt dermaßen aufregt, dass selbst eine einfache Untersuchung ohne Narkose unmöglich ist. Vor einigen Tagen schrieb mir Frau Wegner, dass sie umgezogen sei und „ihre Jungs" auch dieses aufwühlende Erlebnis durch eine frühzeitige Vorbereitung komplikationslos überstanden hätten. Ich bin immer wieder begeistert, wenn ich Frau Wegner und ihre Racker treffe oder von ihnen höre, weil sich gerade hier so wunderbar zeigt, wie sehr es der Mensch in der Hand hat, mit intensivem Training, Geduld und Liebe fantastische Resultate zu erzielen.

Mein Fall
Sabine Graff, Lucy und Chico – Chico war Lucys Albtraum

Die Ärztin Sabine Graff bekam ihre Hauskatze Lucy als achtwöchiges Kätzchen, als sie in Kenia lebte. Sie zog mit ihr nach Freiburg, als Lucy eineinhalb Jahre alt war. In Kenia genoss Lucy die Möglichkeit, ausgiebig draußen herumzustrolchen; viel Kontakt zu Artgenossen hatte sie dabei jedoch nicht. Das änderte sich schlagartig in Freiburg, wo Lucy zwar auch als Freigängerin leben durfte, gleichzeitig aber gezwungen war, sich ein Revier mit vielen anderen Katzen zu teilen. Diese ungewohnte ständige Interaktion mit anderen Freigängern versetzte sie jedoch in Angst, sodass sie sich immer weniger im Freien aufhielt, und wenn, dann in der Nähe des schützenden Balkons blieb.

Sabine Graff versuchte, Lucy die Eingewöhnung in ihrer neuen Umgebung zu erleichtern, indem sie gemeinsame Spaziergänge unternahmen. Lucy lief dabei frei und ganz eng neben ihr her, das kannte sie und es gefiel der kleinen kenianischen Katzendame. Nur wenn die beiden auf ihren Rundgängen anderen Katzen begegneten, machte Lucy auf dem Absatz kehrt und flüchtete in heller Aufregung nach Hause. Wenn Sabine draußen auf der Wiese vor dem Haus saß und sich andere Katzen in der Nähe sehen ließen, blieb Lucy stets auf dem sicheren Balkon und beobachtete von dort aus das Geschehen.

Ein halbes Jahr später zog der Kater Chico bei Sabine ein. Er stammte aus einem spanischen Tierheim, war sehr menschenbezogen, anhänglich, neugierig und neigte zu keinerlei Konflikten mit anderen Katzen. Im Gegenteil: Der ehemalige Streuner hatte sich im Tierheim ganz selbstverständlich mit zwanzig weiblichen Katzen ein Gehege geteilt. Sabine Graff hatte ihn aufgenommen, weil ihre Freunde ihr immer wieder nahelegten, Lucy sei zu sehr auf sie fixiert. Sie sei zudem sehr schwierig im Umgang mit anderen Menschen, der Beweis dafür wäre, dass sie sich nicht gern von anderen streicheln ließe. Eine Tierpsychologin, die Sabine Graff wegen Lucys vermeintlicher Überanhänglichkeit hinzuzog, hatte geraten, ihr Chico als Gesellschafter zur Seite zu stellen, zumal er von den Mitarbeiterinnen des spanischen Tierheims als sehr verträglich beschrieben wurde. Ein Flugpate transportierte ihn schließlich nach Deutschland, wo Sabine ihn schon ungeduldig in Empfang nahm. Sie hatte sich zuvor ausführlich nach Chicos Charaktereigenschaften und seiner Vorgeschichte erkundigt und auch sie war sich sicher, dass er der perfekte Partner für ihre Lucy sei. Die sah das jedoch ganz anders: Lucy hatte von Anfang an Angst vor Chico, fauchte, versuchte ihn mit erhobener Pfote abzuwehren und machte sogar eine Urinpfütze unter sich, wenn er sich ihr näherte.

Sabine Graff hielt die Tiere in den ersten beiden Wochen getrennt voneinander. In dieser Zeit war Lucy fast nur draußen und kam selbst zum Fressen nicht mehr herein. Sabine musste Lucy jedes Mal suchen, um sie wieder mit nach Hause nehmen zu können. In der Wohnung saß Lucy auf einem hohen Katzenbaum und traute sich nicht herunter, solange Chico in der Wohnung aktiv war. Das ging so weit, dass sie oben auf ihrem Ausguck ihr großes Geschäft erledigte. Lucy tat Sabine Graff unendlich leid und sie hatte das Gefühl, mit ihrer missglückten Vergesellschaftung einen fatalen Fehler begangen zu haben.

Hausarrest für die Katzen

Um das Problem zu lösen, ließ sie nun beide Katzen auf Anraten der Tierpsychologin nicht mehr hinaus – in der Hoffnung, wenn beide ständig miteinander konfrontiert wären, müssten sie zwangsläufig einen Weg zueinander finden. Sabine setzte dazu ebenso erfolglos homöopathische Mittel und australische Blütenessenzen ein; letztere arbeiten nach demselben Prinzip wie die englischen Bachblüten. Die Situation bedrückte sie sehr, sie weinte viel und telefonierte immer wieder mit der Tierpsychologin. Allerdings hatte sie immer öfter das Gefühl, dass die Psychologin Lucys Problem verharmloste und die Schwierigkeiten lediglich auf Sabine Graffs unbewusste Ängste zurückführte. Nach einem fast zweimonatigen Hausarrest für die Katzen war Sabine vollends ratlos. Chico war in der Tat aufgeschlossen, sanftmütig und liebevoll, aus Menschensicht ein Traumkater.

Trotzdem blieb er für Lucy ein Schreckgespenst. Sie flüchtete auf die Waschmaschine, einen Schrank oder den Kratzbaum, sobald Chico in Sichtweite kam, und hinterließ immer öfter Urinpfützen in der Wohnung. Sie bewegte sich innerhalb der Wohnung nur noch, wenn Chico schlief oder unsichtbar blieb. Sabine überlegte immer häufiger, ob es nicht doch besser wäre, beiden Katzen wieder ihren Freigang zu gewähren, aber sie hatte große Befürchtungen, dass Lucy aus Angst vor Chico nicht mehr zurückkommen könnte. Lucy wäre nicht die erste Katze, die sich aus einer Problemsituation löst, indem sie sich ein neues Zuhause sucht. Angesichts dieser verfahrenen Situation bat mich Sabine um Rat.

Vorsicht mit Ratschlägen aus dem Bekanntenkreis

Im Fall von Sabine Graff lag das Problem jedoch nicht aufseiten des spanischen Katers Chico, sondern bei Lucy. Sie wurde mit acht Wochen von ihrer Mutter getrennt, wuchs bei Sabine sehr isoliert auf und hatte wenig Erfahrungen mit Menschen sammeln können. Außerdem gab es in ihrem Geburtsland Kenia relativ wenige Hauskatzen, sie war den engen Kontakt zu Artgenossen infolgedessen nicht gewöhnt. In Freiburg hingegen musste sie sich plötzlich mit vielen Katzen auseinandersetzen, da die Populationsdichte in der Nachbarschaft recht hoch war. Dem war Lucy nicht gewachsen, daher nutzte sie den Freigang nur bedingt und blieb lieber an Sabines Seite.

Der Impuls, Chico in die bis dahin gut funktionierende Mensch-Tier-Beziehung zu integrieren, war maßgeblich durch Sabines Umfeld zustande gekommen. Sie wäre nie auf die Idee gekommen, eine Tierpsychologin einzuschalten, wäre ihr nicht von Laien gesagt worden, sie und ihre Katze seien zu stark aufeinander fixiert. Sabine ist eine ausgesprochen reflektierte Frau und hatte diese vermeintlich ungesunde Enge selbst nicht empfunden. Des Weiteren spekulierten

Sabines Freunde, dass es nicht gut sei, wenn die arme Lucy aufgrund ihrer Scheu vor anderen Katzen ihr Leben allein verbringen müsse. Sabine war verunsichert und traute sich leider nicht, auf ihre innere Stimme zu hören.

Ich kann nur dazu raten, gut gemeinte Ratschläge und Erfahrungsberichte aus dem Bekanntenkreis kritisch zu hinterfragen und zu überprüfen, ob die Einschätzungen auf eigene Rahmenbedingungen zutreffen. Sabine und Lucy haben sich gemeinsam wohlgefühlt, es bestand keine Notwendigkeit, eine andere Katze aufzunehmen. Ihre Bindung war von Anfang an innig, sie waren ein gutes Team. Angesichts von Lucys Geschichte und ihrem Verhalten gegenüber Artgenossen wäre vorhersehbar gewesen, dass eine zweite Katze eher Probleme verursachen würde. Als sich ein friedliches Zusammenleben von Lucy und Chico nicht einstellen wollte und die Situation sogar eskalierte, vermutete die Tierpsychologin, es liege an Sabines Ängsten, da sie Lucy nicht loslassen könne und sie ganz für sich haben wolle. Dadurch könne Lucy keine Beziehung zu anderen Katzen aufbauen.

Als mich Sabine drei Monate nach Chicos Einzug anrief, war sie bereits verzweifelt. Alle Versuche einer Zusammenführung waren kläglich gescheitert. Lucy ließ keine Nähe zu, war unsauber und verließ ihren Rückzugsort nur noch selten. Chico war verunsichert und bekam keine Chance, sich einzuleben und seinen Platz in dem bereits bestehenden Beziehungsgefüge zu finden.

In diesem Fall war es die beste Entscheidung für alle, für Chico ein neues Zuhause zu finden. Für Sabine war es zwar schwer, den kleinen Kerl wieder abzugeben, doch ihr fiel ein Stein vom Herzen, als sie begriff, dass der Albtraum für alle Beteiligten zu Ende sein würde.

Ich riet Sabine, schnell einen geeigneten Platz zu suchen, damit die Bindung nicht noch stärker wurde. Chico ist ein toller Kater und wir fanden bald ein Rentnerpaar in der Verwandtschaft, das Chico voller Freude aufnahm. Nach Chicos Abreise war Lucy sofort wieder sauber und fand schnell zu ihrem alten Lebensrhythmus zurück. Sabine war glücklich, dass die Geschichte einen guten Ausgang für alle nahm. Chico ist nun Herr in einem großen Haus samt Freigang und wird nach Strich und Faden verwöhnt, regelmäßig auch von seiner geliebten Sabine, die ihn jederzeit besuchen darf.

Adoption von ehemaligen Straßenkatzen

Ob man Katzen aus Einrichtungen in Süd- und Osteuropa oder der Türkei zu uns nach Mitteleuropa holen sollte, ist ein kontrovers diskutiertes Thema. Ein Gegenargument lautet, dass die Probleme vor Ort langfristig so nicht gelöst werden können und es sinnvoller wäre, das Geld in Kastrationsprogramme der betreffenden Regionen zu stecken. Ich bin der Meinung, dass beide Maßnahmen zugleich ergriffen werden sollten. Wir können die Augen vor dem Leid der betroffenen Individuen nicht verschließen. Wenn wir um ihre Not wissen, muss ihnen geholfen werden. Allerdings ist es wichtig, den Aufbau von legislativen und exekutiven Strukturen zu forcieren und zu unterstützen und möglichst viele Kastrationsprogramme durchzuführen. Ich bin häufiger in Italien und Spanien und betreue dort ansässige Kunden aus Deutschland, England und der Schweiz, die ehemalige Straßenkatzen oder Katzen aus Tötungsstationen aufgenommen haben. Ich kann gut verstehen, dass man angesichts des unvorstellbaren Tierelends, mit dem man dort tagtäglich konfrontiert wird, helfen möchte. Gesunde Tiere kommen in Spanien in Tötungsstationen, auf spanisch „Perreras" genannt, weil sie auf der Straße nicht geduldet werden. In den meist staatlich bezuschussten Tötungsstationen leben diese Tiere oft eingepfercht in engen, verdreckten Käfigen, teilweise ohne Rücksicht auf die Befriedigung elementarster Bedürfnisse wie Futter oder ein Katzenklo. Sie erleben, wie Käfignachbarn verschwinden und nie wiederkommen, sie spüren die Angst der anderen Tiere. Ich bin der festen Überzeugung, dass sie wissen, welches Schicksal sie in diesen Stationen erwartet. Aktive Tierschützer berichten, dass die Tötungsmethoden in den „Perreras" unterschiedlich, aber allesamt grausam sind. Die glücklichen geretteten Tiere sind in der Regel gut mit anderen Katzen sozialisiert, haben aber teilweise katastrophale Erfahrungen mit Menschen gemacht. Sie wurden mit Steinen beworfen und getreten, ferner sind sie traumatisiert durch das Eingefangenwerden und den Aufenthalt in diesen Stationen. Es ist bewundernswert, dass viele dieser Tiere es trotzdem meistern, sich an ein Leben bei uns anzupassen und eine enge Bindung mit ihren Menschen aufzubauen.

Es ist eine Freude zu sehen, wenn sie in ihrem neuen, sicheren Heim aufblühen. Diese Katzen können die dankbarsten Mitbewohner sein, die man sich vorstellen kann. Trotzdem gibt es Risiken, da es nicht jede ehemalige Straßenkatze schafft, sich an ein Leben in Deutschland, gegebenenfalls ohne Freigang und in engem Kontakt mit Menschen, zu gewöhnen.

Der Mensch muss sich katzenkonform verhalten

Die Bindung zwischen Katzen und Menschen kann unterschiedlich stark ausgeprägt sein. Der bekannte Verhaltensbiologe Dr. Dennis Turner, der viele Studien zu Mensch-Katze-Beziehungen durchgeführt hat, fand heraus, dass die Intensität der Bindung proportional zur Bereitschaft des Menschen steht, in die Beziehung zu investieren. Je mehr man den Interaktionswünschen der Katze nachkommt, desto eher erfüllt die Katze die des Menschen. Es ist also ein Geben und Nehmen auf Augenhöhe.

Natürlich ist es relevant, dass die gemeinsame Zeit und die Interaktion für die Katze angenehm sind. Das Tier muss sich verstanden fühlen und der Mensch sich katzenkonform verhalten. Wenn die Katze spielen will, der Mensch sie stattdessen auf den Arm nimmt, um mit ihr zu schmusen, wird sie zukünftig den Kontakt nicht mehr suchen, wenn ihr nach Spielen zumute ist.

Es gibt eine große Bandbreite an Beziehungsformen zwischen Katze und Mensch. Einige beschränken sich darauf, dass die Katze Futter und einen warmen Schlafplatz garantiert bekommt, sie ansonsten aber autark ihren Alltag lebt, beispielsweise bei Katzen auf dem Land. Die Bindung von Katzen zum Menschen kann aber auch ganz innig sein, wie im Fall von Sabine und Lucy oder wie ich es mit meinen Katzen erlebe. Ich beziehe sie in meinen Tagesablauf ein und sie sind Teil meiner Arbeit. Sie lieben es, bei meinen Tierkommunikations- und Clickerkursen aktiv dabei zu sein oder auch, wenn Klienten zu mir kommen. Sie sind ein wichtiger Teil meines Lebens und meiner Familie, ich freue mich jedes Mal, wenn wir möglichst viel Zeit zusammen verbringen können.

Nicht jede Samtpfote ist eine Kuschelkatze

Es gibt jedoch auch Katzen, die sich aufgrund von schlechten Erfahrungen, mangelnder oder falscher Sozialisation mit Menschen unwohl fühlen. Dies kann bei ehemaligen Streunern, Bauernhofkatzen sowie Katzen, die aus großen Zuchten oder von Animal Hoardern stammen, der Fall sein. Nicht für jede aufgelesene und von uns adoptierte Mieze ist das enge Zusammenleben mit Menschen ein beglückendes Leben. Von einer solchen Katze kann man nicht erwarten, dass sie in enger Eintracht mit uns auf dem Sofa kuscheln will, im Gegenteil, sie wird viel Raum und Zeit für sich benötigen. Mit Liebe, Geduld und vor allem Toleranz kann sich trotz unterschiedlicher Bedürfnisse dennoch eine tiefe Bindung entwickeln. Nur so kann das Tier langsam lernen, im Lauf der Zeit mehr Körperkontakt und Ansprache zuzulassen. Wenn eine Katze anfänglich nicht gern gestreichelt werden möchte, hat es sich als hilfreich erwiesen, nur mit dem Handrücken statt mit der flachen Hand über das Fell zu streichen. Unsere Handfläche hat durch die natürliche Produktion der dort befindlichen Schweißdrüsen einen starken Eigengeruch und der Kontakt mit ihr ist intimer für die Katze als mit dem Handrücken. Zudem engt eine zugreifende, sich schließende Hand stärker ein.

Katzenherzen gewinnt man niemals durch Zwang oder aufgedrängte Nähe. Hauruckmethoden sind hier alles andere als hilfreich. Nicht umsonst ist es ein bekanntes Phänomen, dass Katzenallergiker von Katzen geradezu auserkoren werden, um sich ihnen auf den Schoß zu legen. Das hat seinen Grund, da diese Menschen nicht auf die Katze zugehen, sondern den Kontakt meiden. Damit verhalten sie sich aus Katzensicht ausgesprochen höflich. Es ist ein willkommenes Verhalten, da es das genaue Gegenteil von Aggression und Konfliktbereitschaft signalisiert. Für den Katzenhalter heißt das aber nicht, dass er grundsätzlich warten muss, bis die Katze zu ihm kommt, er kann ihr seine Nähe unverbindlich anbieten, indem er zu verschiedenen Aktivitäten – Spiele, Körperkontakt, Spaziergänge, Clickern – anregt. Allerdings sollte er niemals versuchen, die Katze zu zwingen, sondern es akzeptieren, wenn sie schlafen, sich putzen oder etwas ganz anderes machen möchte. Kurzum: Die Katze liebt den respektvollen Menschen.

Wenn bei Katze und Mensch die Chemie stimmt und ein auf gegenseitigem Respekt basierendes Gefühl des Vertrauens vorhanden ist, können sich auch aus den widrigsten Umständen die schönsten Beziehungen ergeben.

Mein Fall
Familie Marquardt, Sita und Shiva –
Zwei Katzen spiegeln die Eheprobleme wider

Familie Marquardt wohnte in einem gehobenen Randbezirk von Berlin in einem Einfamilienhaus, als sie die chocolatfarbenen Burmakatzengeschwister Sita und Shiva, eine Katze und einen Kater, im Alter von einem Jahr zu sich nahm. Sita und Shiva wurden abgegeben, weil ihre Menschenfamilie nach Australien auswanderte und den Katzen den Flug und die Einreisebedingungen ersparen wollte. In Australien ist die Einfuhr von Hunden und Katzen mit einem großen zeitlichen, organisatorischen und finanziellen Aufwand verbunden. So sind etwa eine Einfuhrerlaubnis des Australischen Quarantäne- und Inspektion-Service (AQIS), die Identifizierung des Tiers durch einen Mikrochip (Transponder), ein Bluttest und mehrere Impfungen erforderlich. Nach der Ankunft müssen die Tiere mindestens dreißig Tage in Quarantäne bleiben.

Die beiden Kinder der Familie Marquardt, die zuvor keine Katzen haben durften, wünschten sich sehnlichst kätzischen Familienzuwachs. Nach ausführlicher Suche und Lektüre hatten sie sich schließlich für Burmakatzen entschieden, da diese als aktiv gelten. Die Rasse liebe es turbulent und nehme gern am Leben teil, hieß es. In der Literatur werden Burmakatzen als gesellig und somit als bestens für die Familienhaltung geeignet beschrieben. Durch ihr früheres Leben in einer Familie mit Kindern schienen Sita und Shiva für den Marquardt'schen Haushalt mit einem acht- und einem zwölfjährigen Kind perfekt vorbereitet zu sein. Für die Katzen wurde im Garten ein großes Freigehege errichtet und auch die Eingewöhnung verlief reibungslos. Die Katzengeschwister waren den Kindern gegenüber tolerant und ließen sich stoisch von ihnen durch die Gegend tragen, sie hatten Spaß an wilden Spielen und waren dem menschlichen

Nachwuchs sehr zugetan. Auch Sita und Shiva untereinander verstanden sich gut und waren ein Herz und eine Seele. Sie hatten Spaß miteinander, waren immer dort, wo es etwas zu erleben gab, und jagten sich spielerisch durch das große Haus.

Als Shiva an den Zähnen operiert werden musste, hatte der Tierarzt vorsorglich und richtigerweise empfohlen, die Katzen nach der OP voneinander zu trennen, was die Marquardts auch versuchten. Sie hatten die Rechnung allerdings ohne Sita gemacht, die alles daransetzte, um zu Shiva zu gelangen. Sie schaffte es schließlich durch die Tür zu schlüpfen, als die Tochter zu Shiva ins Zimmer ging, und legte sich zum Erstaunen aller schnurrend neben ihren Katzenbruder und wich nicht mehr von dessen Seite, bis er sich erholt hatte.

Sita hatte sich speziell Ellen Marquardt als Bezugsperson ausgesucht, Shiva ihren Mann Bernd. Eines Tages fiel Ellen Marquardt auf, dass zwischen den beiden Katzen zunehmend Spannungen auftraten. Shiva jagte Sita nicht mehr spielerisch, sondern setzte ihr so lange ernsthaft zu, bis diese hinter das Sofa flüchtete. Sita kauerte hinter der Couch und fauchte, wenn Shiva in ihre Nähe kam. Oft blieb der Kater vor ihrem Versteck sitzen und lauerte ihr auf. Frau Marquardt konnte sich keinen Reim auf Shivas feindseliges Verhalten machen und rief mich deswegen an.

Die Katzen trugen die Probleme ihrer Halter aus

Als ich die Familie besuchte, war mein erster Eindruck, dass die Katzen sehr gute Lebensbedingungen hatten. Es war alles vorhanden, was Katzen brauchen: viel Platz, Familienanschluss und im Garten ein großes Katzengehege. Ich erkundigte mich zunächst nach plötzlichen Veränderungen in der Familie, aber die hatte es offensichtlich nicht gegeben. Bei meinem ersten Besuch waren die Kinder in der Schule und Bernd Marquardt bei der Arbeit. Ellen Marquardt, eine

Steuerberaterin, hatte ihr Arbeitszimmer zu Hause, für die Katzen war also immer eine Bezugsperson da – sie konnten am Leben ihrer Halter wunderbar teilnehmen. Die Situation erschien auf den ersten Blick perfekt. Ich spielte mit den Katzen und machte erste Clickerübungen, um sie kennenzulernen und zu sehen, wie sie miteinander agierten. Um alle einzubeziehen, schlug ich dann vor, dass die Familie gemeinsam mit den Katzen trainieren sollte. Ich bot an, wiederzukommen, wenn auch Herr Marquardt und die Kinder anwesend seien, um sie mit dem Clickertraining vertraut zu machen. Doch Ellen Marquardt druckste ein wenig herum und sagte schließlich, ihr Mann habe wenig Zeit. Ich erklärte ihr, wie wichtig es sei, dass alle Familienmitglieder die Katzen unterstützten, zumal Shiva sehr an Herrn Marquardt hing. Es war schwierig, ein Treffen zu arrangieren. Erst nach ein paar Wochen, als die Probleme zwischen den Katzen zunahmen, stimmte Ellen Marquardt einem gemeinsamen Termin zu.

Beide Eheleute wollten am Clickertraining teilnehmen, während die zwölfjährige Tochter zuschauen sollte. Ich erklärte den Clickerneulingen die Grundlagen des Trainings und alles schien gut anzufangen. Die Katzen waren interessiert und reagierten neugierig auf mich. Als wir jedoch mit den Vorübungen zum Targetstabtraining loslegten, nahm das Training eine überraschende Wendung. Jeder der Ehepartner war der Ansicht, der andere führe die Übung nicht richtig durch, es hagelte gegenseitige Beschuldigungen und Vorwürfe und schließlich entwickelte sich ein handfester Streit. Ich stand fassungslos daneben, das Ehepaar schien sowohl meine Anwesenheit, als auch die der Katzen und die ihres Kindes völlig ausgeklammert zu haben. Die Tochter lief schließlich weinend in ihr Zimmer und schrie, die Eltern machten das in letzter Zeit immer so.

Ich musste das Training abbrechen und setzte mich mit den Eheleuten an einen Tisch. Ellen Marquardt fing bitterlich zu weinen an und klagte, ihre Ehe sei am Ende und ihr Mann sei ohnehin schon fast ausgezogen. Er wohne mehr im Büro als zu Hause, sie seien nur noch der Kinder wegen zusammen. Sie versuchten, sich aus dem Weg zu gehen, weil sie nur noch stritten und die Atmosphäre gespannt sei. Bernd Marquardt wirkte überrascht und sehr verlegen, ihm waren die offenen Worte seiner Frau offensichtlich peinlich.

Es beeindruckt mich immer wieder, wie spezifisch und feinfühlig Katzen auf atmosphärische Spannungen reagieren. Auf den ersten Blick war nicht erkennbar, warum die Katzen in einer fast perfekten Umgebung Probleme miteinander hatten. Doch dann führte ein Auslöser dazu, dass die Ursache für die Verhaltensprobleme sichtbar wurde. Schnell war klar, dass die Katzen die Spannungen zwischen ihren Menschen ausfochten. Es ist unter Tierverhaltenstherapeuten und Tierärzten schon lange bekannt, dass Katzen sowohl die psychischen als auch die gesundheitlichen Probleme ihrer Halter spiegeln können. (In solchen Fällen hat es sich in der Praxis übrigens bewährt, die gleiche Bachblütenrezeptur für Menschen und Tiere zu empfehlen.) Bernd und Ellen Marquardt hatte es sehr überrascht.

Die Sorgerechtsregelung brachte Frieden

Als Sofortmaßnahme ließ ich das Ehepaar getrennt voneinander zu unterschiedlichen Zeiten mit den Katzen arbeiten, damit sie trotz ihrer Beziehungsprobleme mit den Tieren unbelastet üben konnten.

Aus therapeutischer Sicht war die Situation bei den Marquardts schwierig, denn wie sollte es für die Katzen weitergehen, solange die zwischenmenschlichen Konflikte nicht geklärt waren? Ich erklärte den Ehepartnern, dass die Katzen auf die Spannungen zwischen ihnen reagierten und dass das Clickertraining diese Ebene allein nicht reparieren könne. Den Katzen könnten sie nur Gutes tun, indem sie den durch die Ehekrise ausgelösten Stress aus dem Alltagsleben heraushielten. Eine schwierige Situation.

Ellen und Bernd Marquardt kamen weiterhin zum Clickertraining und lösten parallel dazu ihre Eheprobleme mit professioneller Unterstützung, mit der Folge, dass sich die beiden einige Monate später einvernehmlich und vorbildlich trennten. Herr Marquardt zog aus und fand eine Wohnung, die einen großen, katzengerechten Balkon hatte. Das Paar fand eine Sorgerechtsregelung für alle Schutzbefohlenen, bei der die Kinder drei Tage bei ihrer Mutter und vier Tage bei ihrem Vater lebten.

Ich war sehr beeindruckt und erleichtert, dass sie einen Weg gefunden hatten, sich so friedlich zu einigen und sich die Verantwortung nicht nur für die Kinder, sondern auch für die Katzen zu teilen. Nun pendelten die Kinder und die Katzen gemeinsam zwischen den beiden Wohnungen, und die Harmonie zwischen den Katzen kehrte zurück.

Bemerkenswert an dieser Geschichte fand ich zwei Dinge: zum einen Sitas Verhalten nach Shivas Zahnoperation. Eigentlich ist es ratsam, Katzen nach einer OP zunächst zu trennen, da es vorkommen kann, dass die gesunde Katze wegen des veränderten und beängstigenden Geruchs aggressiv auf die kranke Katze reagiert. Sita hingegen legte sich zu ihrem Gefährten und schnurrte ihn quasi gesund. Die beiden hatten also ein sehr enges Verhältnis zueinander, das erst durch die Eheprobleme gestört wurde.

Zum anderen hat mich beeindruckt, wie schnell Shiva und Sita die Lösung akzeptierten. Die meisten Samtpfoten wären mit der Aufgabe überfordert gewesen, zuerst den Stress und dann noch den Revierwechsel verarbeiten zu müssen. Ich hatte anfänglich noch Bedenken, da Burmakatzen auch für ihre ausgeprägte Territorialität bekannt sind. Es zeigte sich aber schon nach kurzer Zeit, dass diese Zweiwohnungslösung für die sensiblen Katzengeschwister genau die richtige war. Die Katzen schienen heilfroh, den unerträglichen Spannungen entkommen zu sein. Sie hatten jetzt zwei harmonische Reviere sowie ihre inzwischen wieder ausgeglichenen Menschen; und die Kinder waren als Bezugspersonen ständig dabei: Shivas und Sitas Welt schien wieder im Lot zu sein. Auch dieser Fall hat mich wieder gelehrt, dass es immer um individuell angepasste Lösungen für Mensch und Tier gehen sollte.

🐾 Wenn die Katze ihr Klo nicht mehr benutzt

Unsauberkeit ist neben Konflikten im Mehrkatzenhaushalt eines der häufigsten Probleme, warum mich Katzenhalter in meiner Beratungspraxis aufsuchen. Viele Menschen sind zutiefst schockiert, wenn die Katze ihre Toilette nicht mehr verwendet und sie deren Hinterlassenschaften in der Wohnung vorfinden. Oft sind die Besitzer beschämt und möchten vor Bekannten lange nicht zugeben, dass sie das Malheur entfernen müssen.

Unsauberkeit bedeutet, dass die Katze ihr Katzenklo nicht mehr benutzt, sondern ab und zu oder aber ausschließlich außerhalb ihrer Toilette uriniert oder kotet. „Beliebte" Orte sind beispielsweise: neben der Katzentoilette, auf dem Bettzeug, auf dem Sofa oder auf Teppichen, Badvorlegern, in Schuhen und Taschen oder in der Badewanne. Katzen können urplötzlich unsauber werden, oder die Katzentoilette wird in einem schleichenden Prozess immer seltener frequentiert, manchmal tritt die Unsauberkeit auch nur sporadisch auf. Wenn unsere Stubentiger von einem Tag auf den anderen die Katzenkiste

Birga Dexel mit zwei jungen Schneeleoparden aus dem europäischen Erhaltungszuchtprogramm (EEP).

Ein echter Katzenprofi: Mein Kater Matisse lauscht mit mir hoch-
konzentriert bei Dreharbeiten und Regieanweisungen.

Bei meiner Arbeit erhalte ich täglich tatkräftige Unterstützung von meinem
Co-Therapeuten Marvin.

Hausbesuch mit Clickertraining. Eine Katzendame wartet geduldig auf ihren
Einsatz.

4

Marvin entspannt in luftiger Höhe: Aus dieser Perspektive lässt
sich alles gut beobachten.

"Wann geht es endlich los?" – Marvin ist startklar für das Clickertraining mit mir.

Gemütliche Katzensiesta im Flauschteppich.

Fummelbretter sorgen für Abwechslung im Katzenalltag.

Living in the box: Jeder Pappkarton wird von unseren Stubenpanthern zum Ruhekörbchen umgewandelt.

Nach dem täglichen Clickertraining: Matisse ganz entspannt.

Auch Katzenmütter genießen Streicheleinheiten: Birmakatze mit jungem Nachwuchs schnurrend beim Säugen.

Dieses Birmakätzchen wurde beim Kratzen vom Schlaf übermannt.

Früh übt sich, wer ein guter Jäger werden will: junge Birma-Mixkätzchen beim Spielen..

Die Katzenmutter putzt ihre eifrig saugenden Jungtiere.

Marvin und Matisse haben Fasane im Garten entdeckt und schauen gebannt nach draußen. Katzen lieben Fensterplätze.

Clickertraining mit Marvin im Freien.

Matisse genießt seine Streicheleinheiten. Das Balkonnetz im Hintergrund bietet ein Stückchen Freiheit und ganz viel Sicherheit.

Marvin beim Leinenspaziergang im Garten

Ganz dicke Freunde: Gemeinsames Kuscheln auf dem Sofa stärkt
die Bindung.

Thai-Mix-Dame Luna und Bengalkater Momo warten gespannt auf den Beginn der Clickerübungen.

Bitte nicht stören: Katzenentspannung in Perfektion.

Den Targetstab immer im Blick: Matisse in seinem Element.

Katzen sind keine Ehrenamtler: Belohnung muss sein!

Ein gutes Team: Marvin ist immer mit dabei.

16

Katzen sind mein Leben: Bastet, Marvin und ich.

meiden, ist es ratsam, das Tier unverzüglich einem Tierarzt vorzustellen, denn auch körperliche Probleme wie Blasenentzündungen können die Ursache für das Verhalten sein. Gesundheitliche Ursachen müssen zunächst ausgeschlossen werden. Dann erst kann meine Beratung helfen.

Es kann viele Gründe geben, warum eine Katze unsauber wird. Man muss sich ihre Lebensumstände genau ansehen, um die Ursachen herauszufinden. Nicht artgerechte Toilettenbedingungen können, müssen aber nicht dazu gehören. Auf alle Fälle lohnt ein erster Blick darauf, wie es mit diesen Bedingungen zu Hause aussieht. Katzenklos in ausreichender Menge und Größe an katzengerechten Standorten tragen nämlich erheblich zum Wohlbefinden der Stubentiger bei. Katzen ertragen auf erstaunlich tolerante Weise manchmal auch extrem schlechte Toilettenverhältnisse. Kommt zu den schlechten Klobedingungen allerdings noch ein weiterer Stressfaktor hinzu, kann dies zu Unsauberkeit führen.

Nur wenn man den ursprünglichen Auslöser für diese Reaktion verstanden hat, gibt es eine Chance, die Unsauberkeit nachhaltig in den Griff zu bekommen. Anhand der folgenden Fallbeispiele aus meiner Beratungspraxis zeige ich Ihnen, warum Katzen urplötzlich unsauber werden können. Es kann sein, dass ein schlechtes „Katzenklomanagement", eine nicht artgerechte Haltung und fehlende Beschäftigung, Konflikte mit anderen Katzen oder gesundheitliche Probleme vorliegen. Katzen können auch die Probleme des Halters durch ihre Unsauberkeit widerspiegeln.

In jedem Fall handelt es sich um ein komplexes Ursachengefüge, das man nur verstehen kann, wenn man die beteiligten Faktoren einzeln und genau betrachtet. Es gibt keine Standardformel – kein Schema F –, um eine Katze wieder stubenrein zu bekommen. Alle hier vorgestellten Maßnahmen wurden individuell auf das Tier und seine Situation abgestimmt wurden.

Mein Fall
Annemarie Müller und Paula –
Ein Klo, das nicht sauber genug sein kann

Für Annemarie Müller brach eine Welt zusammen, als sie nach fünfunddreißigjähriger Betriebszugehörigkeit unerwartet ihre Stelle als Sekretärin in einem kleinen Familienunternehmen verlor. Eine Investorengruppe übernahm die Firma, die fünfundfünfzigjährige alleinstehende Frau stand von heute auf morgen ohne Arbeit und Perspektive da. Sie war enttäuscht und frustriert und sah sich plötzlich mit einer Lebensumstellung konfrontiert, die nicht gewollt war. Sie lebte mit ihrer zehnjährigen Katze Paula zusammen, zu der sie eine enge Bindung hatte, seitdem sie sie als sechs Monate altes Kätzchen aus dem Tierheim geholt hatte.

Bis zu ihrer Kündigung hatten Katze und Halterin einen festen Lebensrhythmus. Paula schlief bei Annemarie Müller im Bett, morgens standen sie nach einem ausgiebigen Schmuseritual um sieben Uhr gemeinsam auf. Paula wurde mit Futter versorgt, während Frau Müller frühstückte. Dann begleitete Paula Annemarie Müller ins Bad. Dem folgte noch eine weitere Streicheleinheit, bevor Frau Müller gegen acht Uhr dreißig das Haus verließ. In der Mittagspause kam die Halterin nach Hause, fütterte die Katze erneut und reinigte das Katzenklo, um sechzehn Uhr hatte Frau Müller Feierabend. Die beiden waren ein perfekt aufeinander eingespieltes Team, so hätte es noch jahrelang weitergehen können. Paula hatte eine innere Uhr, über die alle Katzen verfügen. Sie wusste auf die Minute genau, wann ihr Mensch vor der Tür stand und wie das gewohnte Begrüßungsritual ablief. Sie hatten einen Rhythmus gefunden, an dem sich Katze und Mensch orientierten. Katzen lieben Routine und gemeinsame Rituale, es vermittelt ihnen Sicherheit und Geborgenheit. Paula war nie unsauber. Sie benutzte von Anfang an ihre Toilette.

Nach dem Verlust ihrer Arbeit musste Frau Müller nun den Tag mit anderen Dingen füllen. Es gab keine Familie, um die sie sich hätte kümmern können, Freunde und Bekannte arbeiteten tagsüber und hatten keine Zeit. Annemarie Müller stand vor einem Vakuum, sie wusste im Grunde nicht, was sie mit sich anfangen sollte. Um sich zu beschäftigen und die Leere zu überbrücken, fing sie an, immer länger und gründlicher ihre Wohnung zu putzen, und fand dadurch Zerstreuung. Aus dem Bedürfnis heraus, auch ihrer Paula etwas Gutes zu tun, säuberte sie nun auch mehrmals am Tag das Katzenklo, sobald Paula es benutzt hatte.

Nach ein paar Wochen begann Paula neben ihre Katzentoilette zu urinieren. Der scharfe und stark riechende Katzenharn zog nach und nach in die Holzdielen ein. Annemarie Müller war fassungslos, sie konnte überhaupt nicht verstehen, was mit Paula los war. Sie steigerte sich in die Vorstellung hinein, dass das Klo einfach nicht sauber genug sei, reinigte es noch gründlicher und tauschte die Katzenstreu in immer kürzeren Abständen aus. Je energischer sie putzte, desto hartnäckiger urinierte Paula neben ihrer Toilette auf den Holzfußboden, der allmählich mit Katzenurin vollgesogen war. Annemarie Müllers Anspannung wuchs, sie war permanent damit beschäftigt, Paula zu beobachten, und lief schließlich hinter ihr her, sobald sie nur den Flur betrat.

Mit der Zeit wuchs sich Paulas Unsauberkeit zu einem riesigen Problem für Annemarie Müller aus, das sie mehr und mehr beschäftigte und irritierte. Frau Müller war verzweifelt und verstand ihre Katze nicht mehr, ja sie machte ihr sogar Vorwürfe, hatte sie, wie sie dachte, doch alles für ihr Tier getan, und nun das! Sie fragte ihren Tierarzt um Rat. Er untersuchte die Katze gründlich und kam zu dem Ergebnis, dass Paula kerngesund sei. Annemarie Müller war beinah enttäuscht, dass eine Krankheit als Ursache ausschied, dann hätte sie wenigstens verstehen können, wie es zu dieser dramatischen

Veränderung in Paulas Verhalten hatte kommen können. Der Arzt vermutete, dass Paulas Unsauberkeit mit dem durch die Arbeitslosigkeit bedingten veränderten Tagesablauf zu tun habe. Aufgrund der Vermutung des Veterinärs verließ Annemarie nun tagsüber für eine bestimmte Zeit die Wohnung, um den alten Tagesrhythmus zu imitieren, leider ohne den erwünschten Erfolg.

Einen neuen Lebenssinn suchen

Als ich hinzugezogen wurde, quälte sich Annemarie Müller mit Selbstvorwürfen und widersprüchlichen Gefühlen. Einerseits suchte sie die Schuld für Paulas Verhalten bei sich und versuchte, die Unsauberkeit ihrer Katze in den Griff zu bekommen, indem sie, wie ihr der Tierarzt geraten hatte, regelmäßig die Wohnung verließ. Dazu hielt sie das Katzenklo besonders sauber und probierte unterschiedliche Putzmittel aus. Andererseits machte sie dem Tier unterschwellig Vorwürfe, sie habe es doch schließlich aus dem Heim gerettet und ihm alles gegeben, und nun, wo es ihr nicht gut gehe, mache die Katze ein derartiges Theater. Ich spürte, dass die Situation emotional sehr aufgeladen und festgefahren war. Alle Unbeschwertheit im Umgang mit ihrem Tier war aus Annemaries Leben verschwunden.

Die negative Entwicklung, die ihr Verhältnis zu ihrer Katze genommen hatte, war für Annemarie Müller schwer zu verkraften – sie schwankte zwischen Wut, Verzweiflung und Trauer. Hinzu kam die noch lange nicht verarbeitete Enttäuschung über ihre plötzliche Kündigung und eine Ratlosigkeit, wie sie mit der neuen Lebenssituation fertig werden sollte. Sehr oft empfinden Katzenhalter, neben ihren Ängsten um das Tier, auch jede Menge Ärger. Sie werfen dem Tier vor, dass es sie mit Kummer belastet. Oft plagt sie zwar ein schlechtes Gewissen ob ihrer negativen Gefühle. Sie wünschen sich, dass das Tier sie nicht weiter stressen möge.

Die Krise stand kurz vor der Eskalation
Im ersten Schritt schaue ich mir die Interaktion zwischen Tier und Mensch an. Zuerst versuche ich dabei, mich in die Katze hineinzuversetzen und zu verstehen, was bei ihr emotional geschieht. Paula spürte Annemaries Ängste, ihren Stress und ihre Anspannung. Zudem wurde sie immer, wenn sie sich dem Katzenklo näherte, panisch von ihrer Halterin verfolgt. Ihr gewohnter Lebensrhythmus, der äußerst entspannt und angenehm für die Katze war, hatte sich von einem Tag auf den anderen verändert.

Für Paulas unmittelbares Wohlbefinden war es wichtig, dass Annemarie aufhören musste, ihre Katze ununterbrochen zu beobachten. Durch die Kontrolle und das ständige Hinterherlaufen konnte sie der Katze keineswegs helfen, sondern riskierte, dass sie sich noch mehr Pinkelstellen in der Wohnung suchen würde. Ich riet Annemarie Müller zudem, den für Paula konstruierten künstlichen Tagesrhythmus wieder abzuschaffen und stattdessen nach Wegen zu suchen, wie sie wieder Sinn und Erfüllung in ihr eigenes Leben bringen konnte. Ich schlug ihr vor, sich ehrenamtlich für Tiere zu engagieren, weil sie mir erzählt hatte, dass sie davon schon lange geträumt habe, doch ihr Job ihr zu wenig Zeit dafür gelassen hatte. Wie so oft war es auch in diesem Fall wichtig, zwei Wege zu beschreiten. Katze und Mensch sind, wie im Fall von Annemarie Müller und Paula, auch aus systemischer Sicht als Einheit zu betrachten, jede Veränderung bei dem einen beeinflusst den anderen, im Positiven wie im Negativen. Hier war also nicht nur die therapeutische Arbeit mit Paula wichtig, sondern auch Wege zu finden, wie sich Annemarie Müllers neue Lebensumstände zum Positiven verändern ließen.

Durch meine zahlreichen Kontakte fanden wir bald eine private Tierschutzinitiative vor Ort, die dringend eine ehrenamtliche Bürounterstützung für zehn Wochenstunden benötigte. Annemarie Müller war für diese Aufgabe wie geschaffen und stürzte sich voller Elan in ihr neues Amt. Dass sie eine regelmäßige und sinnvolle Betätigung hatte und gebraucht wurde, brachte zwar schon viel Entspannung, aber es war noch nicht die endgültige Lösung des Unsauberkeitsproblems ihrer Katze.

Im zweiten Schritt schaute ich mir die Toilettensituation an. Ich bat Frau Müller, ein zweites geräumiges Katzenklo zu kaufen und dieses an einer etwas versteckteren Stelle in der Wohnung aufzustellen. Dann fragte ich sie, wie oft und womit sie die Katzentoilette gereinigt hatte. Dabei stellte sich heraus, dass sie viel zu sauber war. Wenn Katzen zur Toilette gehen, riechen sie zuerst ausgiebig an der Katzenstreu und am Katzenklo und fühlen sich sicherer, wenn sie ihren eigenen Geruch vorfinden. Wenn ihr Geruch sozusagen „weggeschrubbt" wird beziehungsweise nur ein Putzmittel zu riechen ist, kann das bei der Katze zu Irritationen führen. Infolgedessen sucht sie sich einen anderen Ort, um ihre Blase zu entleeren und ihren Geruch zu hinterlassen. Paula zeigte durch ihre Unsauberkeit, dass sie mit dem Geruch ihres stillen Örtchens nicht zurechtkam. Ihr Urin hingegen zog in die Dielen ein und konnte nicht so leicht von Annemarie Müller weggescheuert werden. Aus Katzensicht eine gute Lösung, sie hatte einen besseren Platz gefunden, der nach ihr roch und den man ihr so schnell nicht nehmen konnte. Ich bin immer wieder fasziniert davon, welche kreativen Lösungen Katzen für ihre Probleme finden, auch wenn diese nicht immer mit menschlichen Bedürfnissen übereinstimmen. Wir mussten also dafür sorgen, dass ihre Toilette nicht mehr ganz so clean war. Frau Müller verstand das zuerst nicht, weil in jedem Katzenbuch zu lesen ist, dass Katzen saubere Klos mögen. Das stimmt zwar auch, doch sie dürfen nicht steril sein und nach Putzmittel riechen. Ich riet Frau Müller, Paulas Geschäft nur zweimal täglich zu entfernen und das Kistchen höchstens alle zwei Wochen gründlich auszuwaschen. Obwohl es ihr anfänglich aus hygienischer Sicht widerstrebte, vertraute sie mir. Aus dem Dielenboden ließ sie das verschmutzte Stück herausnehmen und ein neues Brett einsetzen, damit Paula von nun an am Geruch erkannte, dass dies nicht länger ihr Klo war. Einige Wochen später war das Thema zur Zufriedenheit aller erledigt.

Annemarie Müller erfuhr auf mehreren Ebenen Hilfe. Sie hat durch ihre ehrenamtliche Tätigkeit wieder einen Lebenssinn gefunden und erhält Wertschätzung von anderen. Sie fühlt sich sogar viel wohler als zuvor, weil sie ihre Arbeit für die Tierinitiative viel sinnvoller erachtet als ihre vorherige Tätigkeit. Sie hat nicht nur rational, sondern auch emotional akzeptieren können, dass Paulas Absichten nicht böse waren, sondern eine Reaktion auf die Verunsicherung und das Putzbedürfnis ihres Frauchens.

Die Auslöser für Paulas Stress konnten in diesem Fall schnell identifiziert werden: die neue ungewollte Lebenssituation ihrer Halterin und das falsche Toilettenmanagement.

Wie viele Toiletten braucht eine Katze?

Ich habe unzählige Wohnungen besucht und zahlreiche Videos und Bilder der unterschiedlichsten Ausführungen und Standorte von Katzenklos gesehen. Oft ringt es mir Bewunderung für die Katzen ab, dass sie so freundlich und tolerant sind, ihre Kisten zu benutzen, obwohl viele aus Katzensicht ungeeignet sind.

Kaum jemand dürfte begeistert sein, einen riesigen Plastikkasten für Katzenhinterlassenschaften in der Wohnung zu haben, geschweige denn zwei davon. In der Praxis hat sich jedoch die Faustregel bewährt, immer ein Klo mehr zur Verfügung zu stellen, als Katzen im Haushalt leben. Das heißt konkret, wenn ich eine Katze habe, brauche ich zwei Toiletten, bei zwei Katzen drei usw. Das sind eigentlich Basics, doch viele Halter schauen mich entsetzt an, wenn ich ihnen das erläutere. Ein Klo ist schon eine Zumutung, aber gleich zwei oder gar drei davon?

Nur in wenigen Fällen wird diese Regel von Beginn an befolgt. In der Realität bestimmen Einzelkisten und dann noch viel zu kleine und ungünstig geformte Katzenkistchen das Bild. Sie werden meistens im Bad oder im Flur in eine Ecke, unter das Waschbecken, neben die Waschmaschine oder hinter einen Schrank, also „in die letzte Ecke", gequetscht – eben dort, wo sie weder das Auge noch die Nase des Menschen „beleidigen" – immer nach dem Motto: Aus den Augen, aus dem Sinn.

Katzen benötigen artgemäß zwei Klos, da sie in der freien Natur Kot und Urin in der Regel an getrennten Orten absetzen. Sie machen erst das eine Geschäft, dann ziehen sie einige Meter weiter, um das andere zu erledigen. Vielen Katzenfreunden ist dieses natürliche Verhalten, das auch jede in der Wohnung gehaltene Katze zeigt, noch nie aufgefallen. Manche Katzen benutzen das eine Klo zum Urinieren und das andere zum Kot absetzen.

In vielen Wohnungen, die ich besuche, existiert nur ein Katzenklo, selbst wenn mehrere Katzen dort leben. Die Standardantwort der stolzen Katzenbesitzer ist dann: „Meine Katzen sind schon immer mit einem Klo super zurechtgekommen." Ihre jetzige Unsauberkeit könne also gar nichts damit zu tun haben, dass die Kloverhältnisse nicht optimal seien. Oder: „Meine verstorbene Katze hatte auch fünfzehn Jahre lang nur ein Klo und hat nie daneben gemacht. Mit meiner Minka muss etwas nicht stimmen."

Wenn eine Katze unsauber wird, kann das viele Gründe haben. Kommt zu den bereits vorhandenen schlechten Klobedingungen neuer Stress hinzu, kann dieser dazu führen, dass die Katze plötzlich unsauber wird. Dass sich das Unbehagen der Tiere manchmal erst so spät bemerkbar macht, hat mit ihrer Anpassungsfähigkeit zu tun.

Neben der Anzahl der Katzentoiletten sind auch die Beschaffenheit und der Geruch der Einstreu sowie die Reinigungsgewohnheiten des Menschen maßgeblich, ob sich eine Katze mit ihren Toilettenverhältnissen wohlfühlt. Katzen wollen ihre Hinterlassenschaften vergraben, je mehr weiche Streu aus natürlichen Materialien eingefüllt ist, desto besser. Katzen müssen sich bequem in ihrem Kistchen drehen und wenden, ein Loch für ihre großen und kleinen Geschäfte graben und diese anschließend verscharren können. Es muss außerdem ausreichend Platz vorhanden sein, damit sie an ihren Hinterlassenschaften vorbeilaufen können, ohne diese berühren zu müssen. Wir sollten dieses Bedürfnis verstehen: Wer jemals das zweifelhafte Vergnügen hatte, zu intensiv genutzte Dixi-Klos bei Großveranstaltungen aufsuchen zu müssen, kann den Ekel und die Empörung über schlechte Toilettenbedingungen sicherlich nachvollziehen. Irgendwann ist auch die Geduld einer Katze zu Ende. Was dann? Nicht zu wissen, wohin mit seiner Notdurft, ist für Katzen wie auch für Menschen eine schlimme Erfahrung.

Umso grausamer ist die noch immer verbreitete Unart, „unsaubere" Katzen mit der Nase in ihre Hinterlassenschaften zu drücken. Dass dies weder zur Einsicht der Katze noch zur Lösung des Problems beiträgt, sondern das Vertrauensverhältnis zwischen Mensch und Katze dauerhaft schädigt, versteht sich von selbst.

Mein Fall
Sarah Lang und Sunny –
Sunnys vermeintlicher Trennungsschmerz

Die dreizehnjährige Katze Sunny, eine anmutige, gestromte EKH-Katze, war Sarah Langs Liebling. Vor sieben Jahren war Sunny den Langs zugelaufen. An einem sonnigen Tag – daher auch ihr Name – war sie im Garten aufgetaucht und hielt sich von da an immer in der Nähe des Hauses auf. Sarah, die damals noch ein heranwachsendes junges Mädchen war, wollte sie gern behalten. Nachdem Sarahs Mutter in der

Nachbarschaft herumgefragt hatte und niemand die Katze vermisste, wurde Sunny in die Familie aufgenommen. Das Mädchen und der Neuankömmling waren sofort ein Herz und eine Seele.

Nach dem Abitur bekam Sarah einen Studienplatz in Gießen. Sunny sollte natürlich mit umziehen, das stand für Sarah außer Frage. Sie suchte lange nach einer für Katzen geeigneten Wohnung und fand sie schließlich in einer größeren Wohngemeinschaft mit anderen Studenten, die allesamt katzenaffin waren. Es traf sich gut, dass Sarahs Freundin Adele mit in die Wohngemeinschaft zog, da sie Sunny von früher kannte und sich auch um sie kümmern wollte. Alles schien perfekt zu sein.

Sarahs Freund bekam wenig später einen Studienplatz in Hannover, sodass Sarah an den Wochenenden von Samstag auf Sonntag häufig zu ihm fuhr. In dieser Zeit versorgte Adele die Katze. Sunny durfte zu ihr ins Zimmer und in ihrem Bett schlafen. Adele selbst hatte keine Katzen, weil sie sich nicht durch ein Tier binden wollte. Die Regelung mit Sunny gefiel ihr, weil sie eine Katze an ihrer Seite hatte, aber nicht die volle Verantwortung trug – sie sah sich als dankbare Katzentante. Die ersten Wochenenden, die Sarah bei ihrem Freund verbrachte, verliefen problemlos. Sarah fuhr am Samstagvormittag nach dem Ausschlafen los und kam Sonntagabends nach Hause, mit dem Gefühl, dass es Sunny an nichts gefehlt hatte.

Stress durch fehlenden Freigang?

Der erste Schock kam nach einem längeren Wochenende, als Sarah nach ihrer Rückkehr ein bepinkeltes Kopfkissen vorfand. Das hatte Sunny noch nie zuvor gemacht. Sarah fiel aus allen Wolken und machte sich Sorgen und Vorwürfe, weil sie „ihr Baby" allein gelassen hatte. Sie stellte Sunny am nächsten Tag beim Tierarzt vor, der ein großes Blutbild machte und Sunnys Urin untersuchte. Körperlich war jedoch alles in Ordnung, wie ihr der Tierarzt versicherte. Der Arzt tippte darauf, dass Sunny auf Sarahs Abwesenheit so stark reagiere, weil ihr der Freigang fehle, der ihr die Abwesenheit ihrer Hauptbezugsperson erträglich gemacht habe. Sarah bat am darauffolgenden Wochenende ihren Freund, nach Gießen zu kommen, und Sunny benutzte wieder wie immer das Katzenklo.

Sarah und Adele überlegten, was sie Sunny als Ausgleich für Sarahs Abwesenheit Gutes tun könnten, und konzipierten ein Verwöhn- und Wellnessprogramm; als Ersatz für den fehlenden Freigang bespannten sie zudem den großen Balkon mit einem Katzennetz und richteten dort gemütliche Ecken und Aussichtspunkte für Sunny ein. In der Hoffnung, dass dies helfen würde, verbrachte Sarah das nächste Wochenende erneut bei ihrem Freund in Hannover. Doch die Situation wiederholte sich: Sunny erleichterte sich in Sarahs Abwesenheit wieder auf ihrem Kopfkissen. Eine Kommilitonin gab Sarah den Tipp, Sunny homöopathisch zu unterstützen, damit sie besser mit der Trennung zurechtkam. Sarah ging tatsächlich zu einer Tierhomöopathin, doch auch dies brachte keine Verbesserung. Sobald sie Freitagabend die Wohnung verließ und erst am Sonntagabend wieder nach Hause kam, war ihr Kopfkissen vollgepinkelt. Sarah wusste sich nicht mehr zu helfen und zog mich zurate.

Viele falsche Fährten

Leider werde ich meistens erst hinzugezogen, wenn das Kind in den Brunnen gefallen ist. Das ist schade, denn allen bliebe viel Leid, Stress, Arbeit und auch Kosten erspart, wenn sich Tierhalter bei Problemen rechtzeitig auch therapeutische Hilfe holen würden.

Sarah und Adele bestätigten mir, dass Sunny nur dann auf das Kopfkissen urinierte, wenn Sarah das Wochenende über weg war; die Unsauberkeit schien also auf den ersten Blick tatsächlich mit der

Trennung zusammenzuhängen. In Anbetracht der Tatsache, dass Sunny eine Nacht ohne ihre Menschenfreundin gut überstand, ging ich davon aus, dass die Katze Sarahs Abwesenheit grundsätzlich akzeptierte. Also schlug ich vor, dass sie zunächst nur eine Nacht wegblieb. Das klappte problemlos, Sunny nutzte ihre Katzentoilette. Wir schienen auf der richtigen Spur zu sein. Ich schlug vor, Sunny langsam beizubringen, Sarahs Abwesenheit auch einmal länger zu akzeptieren, das hieß, die Zeitspanne Schritt für Schritt zu erhöhen und sie dabei positiv zu bestärken, wenn sie in dieser Zeit ihr Katzenkistchen benutzte. Ich befragte auch Sarahs Mutter, um zu erfahren, wie es früher war, beispielsweise, wenn die Familie in den Urlaub fuhr. Die Mutter berichtete, dass Sunny in der Urlaubszeit von der Nachbarin versorgt worden war. Diese hatte allerdings nur Zeit gehabt, die Katze morgens und abends zu füttern, zu mehr Zuwendung und Aktivität reichte die Zeit nicht. Die Familie war zweimal im Jahr weggefahren. Sunny war währenddessen die ganze Zeit im Haus geblieben, hatte also weder den gewohnten Freilauf noch die menschliche Nähe gehabt, die sie gewohnt war, und trotzdem sei sie nie unsauber gewesen.

Daraus schloss ich, dass der Trennungsschmerz nicht der Auslöser sein konnte. Auch die Vermutung des Tierarztes, dass es am fehlenden Freigang läge, bestätigte sich nicht, da Sunny ja während des Urlaubs der Familie im Haus geblieben war. Alles ergab keinen rechten Sinn und ich musste schließlich versuchen, eine andere Fährte aufzunehmen.

Also setzte ich mich mit Sarahs Freundin Adele zusammen und bat sie, mir zu erzählen, wie ihr Tagesablauf mit Sunny aussah, wenn Sarah am Wochenende nicht zu Hause war. Ich hatte den Eindruck, dass alles sehr gut verlief, Adele Sunny wirklich mochte und die beiden sich gut verstanden. Allerdings fiel mir auf, dass Adele nicht erzählte, wie oft sie Sunnys Katzenklo säuberte.

(Fast) nichts ist, wie es scheint

Als Rätsels Lösung stellte sich schließlich heraus, dass Adele sich vor den Katzenhinterlassenschaften furchtbar ekelte und sich nicht traute, dies zuzugeben. Das war auch der eigentliche Grund, weshalb sie keine eigene Katze hatte. Konkret bedeutete es, dass sie das Katzenklo nicht anrührte und es erst am Sonntagabend, kurz vor Sarahs Rückkehr, angewidert reinigte. Die arme Sunny hatte, wenn Sarah freitags zu ihrem Freund fuhr, zwei Tage und zwei Nächte ein langsam immer schmutziger werdendes Klo, was sie absolut nicht gewöhnt war. Von Sarah war sie eine Katzentoilette gewöhnt, die morgens und abends und gelegentlich auch zwischendurch sauber gemacht wurde. Sie pinkelte also am letzten Tag in Sarahs Bett, um auf ihre Not aufmerksam zu machen, denn Sarah war ihre Bezugsperson und hatte sie in dieser Hinsicht im Stich gelassen.

Ich machte Adele klar, wie inakzeptabel das schmutzige Klo für die Katze war, und benutzte den Vergleich mit dem Dixie-Klo, was sie sofort nachvollziehen konnte. Für Katzen, die einen weitaus besseren Geruchssinn haben als Menschen, ist ein verschmutztes Klo eine Zumutung. Das heißt jedoch nicht, dass sie es chemisch gereinigt haben wollen; sauber muss es allerdings sein. Sunny hatte sich nicht anders zu helfen gewusst, als in Sarahs Bett zu machen.

Adele hatte zu Recht ein schlechtes Gewissen. Sarah wiederum war von ihrer Freundin enttäuscht und fühlte sich hintergangen, sodass ich zwischen den beiden jungen Frauen vermitteln musste. Sarah hatte sehr viel Energie und Geld investiert, um das Unsauberkeitsproblem ihrer Katze zu lösen, dabei lag des Rätsels Lösung „nur" an dem verschmutzten Katzenklo. Adele wäre selbst niemals auf die Idee gekommen, dass es an ihrer Vernachlässigung des Klos liegen könnte, sie hat ihr Versäumnis schlichtweg verdrängt. Trotz ihres Ekels vor den Katzenhäufchen wollte sie jedoch auch weiterhin Sunnys Patentante bleiben.

Lösungen sind manchmal so einfach

Die Lösung, die wir gemeinsam fanden, war so einfach wie wirksam: Adele bekam Einmalhandschuhe und einen Mundschutz, damit sie die Fäkalien und die Urinklumpen der Katze weder berühren noch riechen musste. Die Hinterlassenschaften wurden in einen extradicken Plastikbeutel gefüllt, der sofort in der Mülltonne landete. Zudem bekam die Katze ein weiteres Klo. Dies funktioniert für alle, Sunny hat nie wieder auf Sarahs Bett gepinkelt.

Obwohl die Lösung rückblickend ganz einfach war, ist es manchmal eine Detektivarbeit, die Ursachen des unerwünschten Verhaltens herauszufinden. Am Trennungsschmerz, auf den auch ich anfangs getippt hatte, lag es nicht. Erst eine scheinbar unwichtige Information führte auf die richtige Spur. Sunnys Geschichte verdeutlicht, wie genau man hinsehen, nachforschen und Aussagen hinterfragen muss, bevor man zu einer Lösung kommt. Das ist auch für mich als Krimifan eine Herausforderung. Umso mehr Spaß macht es mir, wenn ich solche Fälle lösen kann. Mensch und Tier waren wieder harmonisch vereint und eine Freundschaft war gerettet.

Mein Fall
Heinz und Renate Schirmer und Charly – Der Kater, der sich aufs Klo tragen ließ

Der zehnjährige Kater Charly, eine schwarz-weiße Europäisch-Kurzhaarkatze, hatte seit einiger Zeit Toilettenprobleme. Er lebte mit dem Rentnerehepaar Heinz und Renate Schirmer in einer typischen Berliner Altbauwohnung im Erdgeschoss.

Charly machte sein Häufchen immer seltener ins Katzenklo, sondern setzte es direkt daneben ab. Am Anfang dachten sich die Schirmers nichts dabei und hielten es für Zufälle. Als es häufiger vorkam, wollten sie etwas dagegen unternehmen und mit Charly zum Tierarzt gehen. Doch als alle Versuche scheiterten, den Kater in seine Transportbox zu locken, gaben sie zunächst auf. Nachdem seine Unsauberkeit schließlich zu unangenehm wurde, zwangen sie Charly mit Gewalt in den Korb.

Der Tierarzt stellte entzündete Analdrüsen fest, der Kater litt unter Verstopfung und hatte Schmerzen. Das war die Erklärung für Charlys Probleme beim Koten. Der Tierarzt spülte die Analdrüsen, eine für den ohnehin verschreckten Kater schmerzhafte und unangenehme Prozedur. Wieder zu Hause angekommen, versuchte Charly gleich erneut sein Glück auf dem Klo, er saß auf seinem stillen Örtchen und schrie, wahrscheinlich vor Schmerzen. Schließlich löste er sich im Flur in einer Garderobennische gegenüber seiner Toilette.

Für Charly war das Katzenklo nur in Herrchens Beisein sicher

Die Schirmers wollten Charly keinen weiteren Arztbesuch zumuten. Sie hatten auch Angst vor dem Theater mit der Katzenbox und hofften, dass die Schmerzen nach dem Eingriff des Tierarztes bald vorübergehen würden. Herr Schirmer versuchte Charly zu erziehen, indem er ihn jedes Mal, wenn der Kater sich der Garderobe näherte, hochnahm und in seine Katzenkiste setzte. Wenn Herr oder Frau Schirmer dabeiblieben, erledigte Charly tatsächlich sein Geschäft, verscharrte es und bekam danach seine Lieblingsleckerchen. Blieben die Schirmers nicht neben dem Katzenklo stehen, zog Charly es vor, sein Geschäft in der Garderobennische zu verrichten. Heinz Schirmer stand schließlich ständig bereit, um den Kater zum Katzenklo zu tragen, lobte ihn bei Erfolg und sparte nicht mit Leckereien. Das Ergebnis seiner Bemühungen war, dass Charly schließlich nur noch seine Katzentoilette benutzte, wenn Herrchen dabei war und aufpasste. So spielte es sich ein: Das Ehepaar wusste sich nicht anders zu helfen und beobachtete den Kater. Jedes Mal, wenn er auf dem Weg zur Garderobe war, stürzten sie hinter ihm her und setzten ihn auf das Katzenklo. Nach einigen Wochen wartete Charly bereits darauf, dass Herr Schirmer ihn aufs Klo trug und während seines Geschäfts beruhigend neben ihm stand. Zu guter Letzt wartete er auf sein Leckerchen – für Außenstehende und nicht ausgewiesene Katzenfans eine eher bizarre Szene. Bevor die Familie mich hinzuzog, hatte sich dieses Ritual schon etabliert, aus Charlys Sicht war die Lösung optimal, für ihn handelte es sich um eine Win-win-Situation. Charly spekulierte zudem auf seine Extrahappen, was bei seinem Gewichtsproblem nicht gerade hilfreich war. Heinz Schirmer wagte sich nur noch für kurze Zeit aus der Wohnung. Schirmers richteten sogar ihre Einkaufstouren nach Charlys Darmrhythmus aus und wagten nicht zu lange wegzubleiben. Verständlicherweise hatte Herr Schirmer die Nase voll, ständig zur Verfügung stehen zu müssen.

Als die Schirmers zur Silberhochzeit von Freunden in Bayern eingeladen wurden und mehrere Tage unterwegs sein würden, stellte sich die Frage, was sie mit dem Kater während ihrer Abwesenheit machen sollten. Sie wollten gern zur Feier fahren, konnten jedoch niemandem zumuten, Charly auf die Katzentoilette zu tragen oder die vollgekotete Garderobennische sauber zu machen. Außerdem fürchteten sie, dass das Problem mit der Analdrüse wieder auftreten könnte. Und so war es dann auch. Die Analdrüsen des Katers waren verstopft. Die Schirmers hatten den Tierarztbesuch schon zu lange hinausgezögert, weil sie den Stress, Charly in die Transportbox zu zwingen, fürchteten. Aber schließlich war die unangenehme Prozedur nicht mehr aufzuschieben.

Daher wendeten sie sich an mich. Ich stellte fest, dass Charly sich angewöhnt hatte, Bescheid zu geben, wenn er seinen Toilettengang erledigen wollte. Er kratzte entweder am Türrahmen oder vor der

Garderobennische. So wusste Herr Schirmer Bescheid, dass es an der Zeit war. Wenn Herrchen den Kater zu seiner Toilette trug und alles klappte, gab es Lob und Leckerli. Die Situation war eingespielt, der Klogang für den Kater angenehm, für Charly war die Welt in Ordnung.

Übergewicht und Schmerzen

Charly war deutlich übergewichtig und litt unter Verstopfung, deshalb entzündeten sich seine Analdrüsen häufig. Allerdings muss es nicht immer am Übergewicht liegen, es gibt auch Katzen, die eine erbliche Veranlagung dazu haben, dann ist das Analdrüsensekret zu dickflüssig und verursacht Probleme. Das Durchspülen der Drüsen kann, wie leicht vorzustellen ist, recht schmerzhaft sein. Für Charly war das Kotabsetzen sicherlich schon vor dem Auftreten seiner Unsauberkeit, auch bedingt durch seine chronische Verstopfung, unangenehm und später durch die Analdrüsenentzündung schmerzhaft gewesen und der Klogang dadurch negativ besetzt. Der Kater muss eine katzentypische Verknüpfung zwischen Schmerz und Ort hergestellt haben und hat seine Katzentoilette folgerichtig immer häufiger gemieden.

Charly hatte sich anfangs verschiedene Stellen in der Wohnung für sein großes Geschäft ausgesucht, in der Hoffnung, einen schmerzfreien Ort zu finden. Die Nische, in der die Schirmers ihre Garderobe hatten, erwies sich für ihn anscheinend als die schmerzfreieste Zone. Somit hatte er das Problem für sich gelöst. Dass dieses Verhalten mit den Interessen und Bedürfnissen seiner Menschen kollidieren würde, konnte Charly nicht wissen.

So konnte es natürlich nicht weitergehen. Zuerst gestalteten wir die Umgebung des Katzenklos neu – wir kauften eine größere Toilette und davon gleich zwei. Das alte Kistchen assoziierte der Kater zum einen mit seinen Schmerzen, zum anderen war es für seine stattlichen Ausmaße einfach zu klein. Beide Toiletten platzierten wir an neuen und neutralen Stellen. Wir setzten das Clickertraining ein, um die mentale Verknüpfung, dass Kotabsetzen nur mit Herrchen sicher und schmerzfrei ist, zu lösen. Zu guter Letzt musste die entstandene Routine durchbrochen werden. Wenn ich Katzen etwas Liebgewonnenes wegnehme, muss ich ihnen eine gleichwertige oder bessere Alternative anbieten. Dafür war das Clickertraining bestens geeignet, das Charly großen Spaß machte. Es bedeutete für ihn intensiven Kontakt mit seinen Menschen in Verbindung mit gesunden Leckerchen.

Nachdem wir den Kater auf den Targetstab konditioniert hatten, führten wir ihn damit immer wieder zu den neuen Katzenklos und belohnten ihn dort mit frischen Fleischstückchen. Allmählich traute er sich wieder, ohne menschliche Begleitperson, in seine neuen Toiletten zu klettern. Nach drei, vier Wochen schickte mir Herr Schirmer ein Video, wie Charly zum ersten Mal ohne Hilfe und Animation auf seine Toilette ging und sein Geschäft verrichtete. In der Garderobennische hatten wir ihm außerdem ein kuscheliges Plätzchen unter den Mänteln eingerichtet, wo er gern lag und döste. Auch das Problem mit den verstopften Analdrüsen erledigte sich schnell, nachdem wir Charly auf ein artgerechtes Nassfutter umgestellt hatten.

Die drei Maßnahmen – neue, größere Klos, Clickertraining und Ernährungsumstellung – brachten bei Charly den gewünschten Erfolg. Ich bin immer wieder verblüfft, wie schnell Katzen lernen, wenn man ihnen das, was man von ihnen möchte, katzengerecht vermittelt.

Die Crux mit der Transportbox

Die Scheu vor dem Transportkorb und den Transporten erklärt sich unter anderem dadurch, dass am Ende der Reise meistens etwas Unangenehmes wartet, der Tierarzt oder eine Trennung vom Halter, z. B.

durch einen Aufenthalt in einer Katzenpension. Beides Orte und Anlässe, die Katzen in der Regel nicht schätzen, ja unter denen sie leiden. Für viele Tiere ist ein Transport mit etwas Negativem verbunden. Oft reicht ein schlechtes Erlebnis aus, um aus Katzensicht Folgendes zu lernen: Wenn ich erst einmal da drin bin, folgt etwas Unangenehmes. Wir Menschen kennen diesen Mechanismus auch. Die Fahrt zum Zahnarzt und das Warten auf die Behandlung ist für die meisten Menschen aufgrund von unangenehmen oder schmerzhaften Erfahrungen in der Vergangenheit negativ besetzt. Wir können in einer solchen Situation durch Rationalisieren unsere Angstgefühle in den Griff bekommen. Allerdings gelingt das vielen Menschen nur unter äußerster Willensanstrengung. Wir folgen nicht dem Fluchtimpuls, sondern gehen trotz Angst in den Behandlungsraum. Ein befreundeter Zahnarzt erzählte mir, dass sehr viele seiner Patienten während einer Behandlung in Angstschweiß gebadet und verkrampft auf dem Behandlungsstuhl säßen. Katzen reagieren rein emotional und wollen angsterzeugenden und unangenehmen Situationen entfliehen.

Leider verhalten sich viele Halter zudem noch ungeschickt, wenn es darum geht, die Katze in den Transportkorb zu bugsieren. Zuerst wird unter Stress und Zeitdruck das gesamte Sortiment an Bestechungsleckerchen ausgepackt, und wenn das nicht klappt, wird die Katze gewaltsam gezwungen. Katzen, die sich aus Angst vor der Box versteckt haben, werden aus ihrem Versteck hervorgezogen, mit Kraft und gegebenenfalls Handschuhen in den Korb hineingezwängt. Die logische Konsequenz ist, dass die Box immer verhasster wird, und die Aufgabe, die Katze zum Hineingehen zu bewegen, immer schwieriger. Der britische Biologe Dr. Rupert Sheldrake zitiert in seinem Buch „Der Siebte Sinn der Tiere" eine Umfrage unter Tierärzten im Norden Londons zum Thema Terminabsagen von Katzenhaltern, weil sie die Katze nicht vorstellen konnten. Die Katzen waren entweder nicht mehr auffindbar oder die Halter hatten es nicht geschafft, die Katze in die Box zu bekommen. Von den fünfundsechzig befragten Kliniken gaben vierundsechzig an, dass solche Absagen häufig vorkämen. Die Lösung liegt in der langsamen und systematischen Gewöhnung an den Transportkorb, außerdem sollte man medizinisches Training durchführen und den Transport in der Box und im Auto mithilfe des Clickers üben. Wer erst einen Tag vor dem anstehenden Tierarztbesuch beginnt, hat schlechte Karten.

Pippa liebte Veränderungen

Eine Ausnahme war die ehemalige Straßenkatze Pippa. Sie liebte es, bei allem, was ihre Halterin Sandra unternahm, mit dabei zu sein, besonders gern fuhr sie mit ihr Auto. Sie litt, wenn Sandra nicht bei ihr war, und miaute stundenlang, wenn sie allein zu Hause bleiben musste. Daher wurde sie in einer speziellen Transporttasche zu Freunden und anderen für Pippa ungefährlichen Aktivitäten mitgenommen. Für das Straßenkind Pippa war ihr Mensch die wichtigste Bezugsperson, außerdem hatte sie keine Scheu vor Veränderungen. So war es nach Gesprächen mit Sandras Chefin sogar möglich, die Katze tagsüber mit ins Büro zu nehmen.

Pippa stellt die berühmte Ausnahme der Regel dar; die meisten Katzen schätzen das Gewohnte und Bekannte. Doch wenn es früh genug antrainiert wird und sich die Katze charakterlich dazu eignet, können auch Veränderungen zur Gewohnheit werden. Man sollte jedoch keinesfalls versuchen, eine introvertierte Katze zum Partylöwen erziehen zu wollen.

Mein Fall
Katrin Wollstein und Rubi –
Der Kater, der wahllos in die Wohnung machte

Der sechsjährige rot getigerte Kater Rubi lebte bei Katrin Wollstein, seitdem sie ihn im Alter von acht Wochen von einem Reiterhof bekommen hatte. Dort tollten viele Katzen herum, denn für Kastrationen war kein Geld vorhanden. Außerdem waren die jungen Kätzchen, besonders bei den vielen jungen Mädchen, immer ein Besuchermagnet, auf den man nicht verzichten wollte. Trotz der Aufklärungsarbeit von Tierschutzorganisationen ist es im ländlichen Raum immer noch weit verbreitet, Katzen sich ungehindert vermehren zu lassen. Die Jungtiere werden getötet oder viel zu früh verschenkt oder verkauft. Durch diese verantwortungslose Haltung entsteht großes Katzenleid. Wenigstens erfuhren auf diesem Reiterhof, den Katrin Wollstein regelmäßig besuchte, die Katzenwelpen durch den häufigen und liebevollen Kontakt zu Reitschülerinnen, die sie und ihre Katzenmütter auch mit Leckereien versorgten, eine gute Sozialisierung auf Menschen, was ihnen ein späteres Leben in einem Haushalt erleichtern würde.

Katrin hatte sich bei ihren wöchentlichen Stallbesuchen in den kleinen, äußerst lebendigen Haudegen Rubi verliebt. Sie war glücklich, als sie ihn mit acht Wochen nach Hause nehmen konnte, nicht ahnend, dass es viel zu früh war und er dadurch tendenziell psychisch weniger stabil war als andere Katzen. Obwohl Rubi als Stallkater gewohnt war, sich draußen zu lösen, und nie zuvor eine Katzentoilette zu Gesicht bekommen hatte, lebte sich das clevere Kerlchen gut bei Katrin Wollstein ein und lernte im Nu, zur Freude seiner Halterin, sein Katzenklo zu benutzen.

Nach etwa drei Jahren lernte Katrin ihren Mann Robert kennen und zog mit ihm in eine neue Wohnung. Auch Rubi lebte sich in dem neuen Zuhause gut ein. Da Robert ebenfalls mit Katzen aufgewachsen und ihnen sehr zugetan war, gab es keine Probleme im Zusammenleben der drei, obwohl Rubi sehr auf Katrin fixiert war. Robert war begeisterter Angler und brachte oft gefangene Fische von seinen Ausflügen nach Hause, deren Reste für Rubi ein wahres Festmahl waren. Es war der Beginn einer großen Freundschaft, die auch bei Katzen zuweilen durch den Magen geht.

Als Katrin zu einer längeren Fortbildung wegfahren musste, formierten sich Rubi und Robert komplikationslos zu einem solidarischen Strohwitwerhaushalt. Erst schien alles in bester Ordnung zu sein, sodass Katrin schon fast eifersüchtig reagierte. Sie hätte sich insgeheim gewünscht, dass der Kater sie ein bisschen mehr vermisste.

Das große Rätsel Unsauberkeit

Während einer zweiten längeren Fortbildung, die Katrin im Ausland verbrachte, traten dann doch noch Verhaltensprobleme auf: Rubi fing an, neben das Klo zu koten, zuerst unregelmäßig, dann immer häufiger, schließlich ging er für das große Geschäft gar nicht mehr auf sein Klo. Katrin führte seine Unsauberkeit darauf zurück, dass der Kater jetzt doch unter Verlustängsten litt, und machte sich keine weiteren Gedanken darüber. So plötzlich, wie der Spuk begonnen hatte, so schlagartig war er nach Katrins Rückkehr verschwunden, der Kater benutzte wieder seine Katzentoilette, und Katrin fühlte sich in ihrem Verdacht bestätigt.

Ein halbes Jahr später, nach dem Umzug in ein Haus mit Garten, musste Rubi wieder eine Weile mit Robert allein bleiben und verhielt sich diesmal zu Katrins Freude und Erstaunen unauffällig. Doch kaum war sie zu Hause, kotete er neben sein Katzenklo. Katrin konnte kein System hinter Rubis Unsauberkeit entdecken, auch wenn sie den Verdacht hegte, dass die An- oder Abwesenheit der menschlichen Bezugspersonen die Unsauberkeit ihres Katers auslösten.

Der Umzug in ein Haus mit Garten und eine katzenfreundliche Umgebung erlaubten Rubi ein Leben als Freigänger, was er auch eifrig nutzte. Seine Unsauberkeit nahm jedoch bizarre Formen an: Im Haus benutzte er nun häufiger nicht das Katzenklo, sondern kotete zu Katrins Leidwesen daneben, obwohl sie das Klo stets sauber hielt. Er verscharrte seine Häufchen nicht mehr und zeigte auch draußen neue Verhaltensweisen: So ging er nicht wie üblich in die Büsche, sondern setzte seine Geschäfte mitten auf den Bürgersteig oder der Straße ab und ließ sein Häufchen unverscharrt zurück. Das führte zu Beschwerden seitens der Nachbarn. Für Katrin wurde das Verhalten ihres Katers immer unerklärlicher. Zudem war sie inzwischen schwanger und hatte Angst, dass sich die Unsauberkeit durch eine etwaige Eifersucht auf ein Baby verschlimmern könnte. Sie war verzweifelt, informierte sich in Katzenforen, kaufte ein neues Katzenklo und probierte eine andere Streu aus. Keine ihrer Maßnahmen war erfolgreich und unter dem zusätzlichen Stress der Schwangerschaft griff sie entgegen ihrem sonstigen liebevollen Umgang mit Rubi in ihrer Verzweiflung und Ohnmacht zu repressiven Mitteln, versetzte dem Kater einen Klaps oder drückte seine Nase in den Kothaufen. Sie erreichte damit nur, dass Rubi anfing, sie zu meiden und sich zu verstecken. Das Baby wurde geboren und Rubi setzte sein großes Geschäft immer noch wahllos in der Wohnung ab. Das war sehr unhygienisch und aus Angst, dass die Kothaufen dem Baby schaden könnten, wurde Rubi ständig ins Freie geschickt, ob er nun wollte oder nicht. Er wurde lediglich zum Fressen im Haus geduldet und hatte mit der Geburt des Babys sowohl seinen sicheren Hafen in der Wohnung als auch den engen Kontakt zu seiner Menschenfamilie verloren. Gleichzeitig hatte Katrin ein schlechtes Gewissen, ihren Kater so zu behandeln, denn der Herbst stand unmittelbar vor der Tür und die Tage wurden kürzer und kälter. Wie sollte es weitergehen? Das war der Zeitpunkt, an dem Katrin mich bat, vorbeizukommen.

Rubi und Ernährung

Als ich Rubi zum ersten Mal sah, war er leicht übergewichtig und schien auch sonst nicht gut in Form zu sein. Sein Fell kam mir stumpf und glanzlos vor. Ich hatte den Eindruck, ihm fehle es an Lebensfreude und Elan. Hinzu kam eine deutliche Anspannung, die ich sowohl bei Rubi als auch bei seinen Haltern feststellen konnte. Nur dem Baby gegenüber verhielt sich Rubi entspannt und zudem außerordentlich freundlich. Das war mir wichtig zu beobachten, denn ich wollte ausschließen, dass wir hier möglicherweise einen wichtigen Faktor übersahen. Aber es gab tatsächlich keine Anzeichen von Stress oder gar Eifersucht: Rubi lag in der Nähe des Babys auf der Couch, hatte in katzentypischer Manier die Pfötchen untergeschlagen und schnurrte. Hier schien das Problem nicht zu liegen. Vielmehr verstärkten sich mein Eindruck und mein Gefühl, dass der Kater keinen Esprit hatte und es ihm insgesamt nicht gut ging, nicht nur psychisch, sondern auch körperlich.

Im nächsten Schritt ließ ich mir Rubis Katzenfutter zeigen. Katrin holte einen großen Sack Trockenfutter hervor, den sie günstig erworben hatte, und erzählte, dass sie immer wieder mal neues Futter ausprobieren würden, vor allem Trockenfutter.

Ich gebe zu, dass ich Trockenfutter skeptisch gegenüberstehe. Ich weiß aus langer Erfahrung, dass etliche Gesundheits- und Verhaltensprobleme auch damit zusammenhängen können. Die Themen Ernährung und Verhalten haben mehr miteinander zu tun, als man glaubt. Katzen brauchen kein Trockenfutter. Die Vorfahren unserer Hauskatzen sind die afrikanischen Falbkatzen (*Felis silvestris lybica*), und zwar die in Ägypten beheimatete Unterart, das haben Genetiker eindeutig beweisen können. Die vorwiegend in Trockengebieten vorkommenden Tiere sind perfekt an die kargen Bedingungen ihres Lebensraums angepasst; Wasser ist dort selten und die Katzen haben im Lauf der Evolution gelernt, ihren Flüssigkeitsbedarf vorwiegend aus der Nahrung zu decken. Trockenfutter enthält jedoch nach einer Untersuchung der Stiftung Warentest von 2008 nur rund acht Prozent Wasser. Jeder Halter einer gesunden Katze, die nicht mit Trockenfutter gefüttert wird, kann beobachten, dass sie selten und wenig trinkt. Dies ist normal und kein Grund zur Besorgnis. Trockenfutter jedoch entzieht dem Katzenorganismus in der Regel mehr Wasser, als das Tier zu sich nimmt. Einige Tierärzte sind der Auffassung, Katzen müssten dreimal so viel Wasser wie die gefressene Menge an Trockenfutter zu sich nehmen, um den Flüssigkeitshaushalt auszugleichen. Zudem besteht ein großer Teil des Trockenfutters aus Getreide (bis zu 80 %), das von Katzen als reine Fleischfresser nicht richtig aufgespalten und verdaut werden kann.

Katzen sind Fleischfresser

Katzen sind reine Fleischfresser. Selbst wenn sie sich im Zuge der Domestizierung in geringem Maß an veränderte Nahrungsquellen angepasst haben sollten, benötigen sie trotzdem in erster Linie hochwertige tierische Proteine, die mindestens dreiundneunzig Prozent der Nahrung ausmachen sollten. Dazu kommen Fette, die Energie liefern, als Geschmacksverstärker dienen und fettlösliche Vitamine transportieren. Katzen würden Mäuse fressen, und da ich diese natürliche Nahrung in der Wohnung nicht zur Verfügung stellen kann, muss ich als Halter gute Alternativen finden, die den Nahrungsbedürfnissen der Katze entsprechen. Wie gut ihre Katze ein Futter verträgt, ist individuell verschieden. Ich habe die Erfahrung gemacht, dass einige Katzen besser mit artfremder Nahrung, Konservierungsmitteln und Zusätzen umgehen können als andere. Immer jedoch würde ich raten, hochwertiges getreidefreies Nassfutter zu besorgen oder sich mit BARF (biologisch artgerechte Rohfleischfütterung) auseinanderzusetzen.

Das lebensnotwendige Taurin

Katzen benötigen einen hohen Anteil an Taurin in ihrer Nahrung, ein Abbauprodukt der schwefelhaltigen Aminosäuren Cystein und Methionin. Ein Taurinmangel über einen längeren Zeitraum führt bei allen Katzenarten zu Mangelerscheinungen und schwerwiegenden gesundheitlichen Schäden. Die Taurinzufuhr muss über die Nahrung gewährleistet sein, da es vom Organismus nicht in ausreichender Menge hergestellt werden kann. Der lebensnotwendige Stoff kommt nur in tierischem Gewebe vor. Mäuse haben einen der höchsten Tauringehalte. Ein hochwertiges, als Alleinfuttermittel deklariertes Fertigfutter enthält synthetisiertes Taurin in der gesetzlich vorgeschriebenen Menge.

Kohlenhydrate und Katzen

Katzen brauchen keine Kohlenhydrate in Form von Getreide, seien es Mais, Weizen, Dinkel oder Reis. Auch das Substituieren von tierischen Proteinen durch pflanzliche wie Soja, einer schwer bekömmlichen Hülsenfrucht, ist nicht sinnvoll. Viele Tierärzte und Tierheilpraktiker vermuten, dass Soja Futterallergien auslösen kann. Zudem ist das im Tierfutter verwendete Soja zunehmend genmanipuliert, ebenso wie Mais und Weizen. Gesundheitliche Folgen von zu viel Trockenfutter können Nieren- und Harnwegserkrankungen sein. Außerdem kann Getreide Verdauungsprobleme und die Bildung von Blasensteinen durch Verschiebungen des PH-Wertes im Urin auslösen. Die häufigsten Harnsteine bei Katzen sind Struvitsteine. Wenn ich unsere Kundendatei durchschaue, ist fast jede dritte von uns betreute Katze von Struvitsteinen betroffen, darunter auch ganz junge Tiere. Die international bekannte US-amerikanische ganzheitliche Tierärztin und Autorin Dr. Jean Hofve schreibt zum Thema Trockenfutter: „Wenn es eine auf alle Katzen zutreffende gesundheitsfördernde Regel gäbe, müsste diese lauten: Kein Trockenfutter für Katzen."

Verdauungsprobleme als Auslöser für Verhaltensprobleme

Zurück zu Rubis Problem: Von Katrin Wollstein ließ ich mir beschreiben, wie sich ihr Kater verhielt, bevor er seinen Kot absetzte. So wie viele Katzenhalter, die über Probleme mit Unsauberkeit klagten, hatte auch Katrin Wollstein angespannt jeden Schritt ihrer Katze beobachtet. Ihr war aufgefallen, dass der Kater, bevor er Kot absetzte, erst in geduckter Haltung durch die Wohnung schlich, dabei nervös und gehetzt wirkte und dass seine Ohren und der Rücken zuckten. Sie kannte seine Körpersignale nunmehr gut genug, um zu wissen, dass er irgendwo einen Platz suchte, um sein Geschäft verrichten zu können. Nach dem Lösen verkroch er sich umgehend und machte sich erst wieder bemerkbar, wenn er hinaus ins Freie wollte. Es gab zwei mögliche Gründe, warum Rubi sich nach seinem großen Geschäft in Sicherheit brachte: Zum einen hatte ihn Katrin Wollstein in ihrer Verzweiflung einige Male bestraft, wenn er das Klo nicht benutzte, zum anderen war ihm der Kotabsatz wahrscheinlich unangenehm.

Ich fragte nach der Beschaffenheit des Stuhls und erfuhr, dass er ungleichmäßig war, mal fester, mal dünner, und laut Katrins Beschreibungen sehr unangenehm roch. Der Geruch der nicht zugedeckten Katerausscheidungen war ein weiterer Grund, warum die Situation für Katrin und ihren Mann so unerträglich geworden war. Normaler Katzenstuhl ist gleichmäßig geformt, geruchsintensiv, aber nicht stinkend, und der Kotabsatz sollte dem Tier leichtfallen. Ich vermutete stark, dass der Kater Verdauungsprobleme hatte und es ihm deshalb auch körperlich nicht gut ging. Dafür sprachen auch sein gedrücktes Verhalten und eine gewisse Energielosigkeit. Man merkte, dass er sich in seiner Haut alles andere als wohlfühlte. Ich schlug eine kontrollierte Futterumstellung vor, in der Hoffnung, ihm mit einer artgemäßen Ernährung auch zu mehr Vitalität und körperlichem Wohlbefinden zu verhelfen.

Katzen haben einen perfekt gebauten Körper

Ich habe die Erfahrung gemacht, dass Katzen, die sich körperlich unwohl fühlen, unter diesem Zustand stark leiden. Von Natur aus haben sie ein ausgezeichnetes Körperbewusstsein und einen athletischen Körperbau, der sie zu außerordentlichen Leistungen befähigt. Dafür müssen sie aber leistungsfähig sein; schon eine kleine körperliche Beeinträchtigung dämpft sie in ihrem Verhalten. Das gute Körpergefühl geht übergewichtigen Katzen verloren, dasselbe gilt für Katzen mit Verdauungsproblemen. Das Unwohlsein war Rubi ja sogar anzusehen, es war ihm sozusagen „ins Fell geschrieben". Zusätzlich zur Futterumstellung schlug ich Katrin und ihrem Mann auch ein Clickertraining vor, denn Rubi sollte sich zum einen sein Futter von nun an selbst erarbeiten, um ihm auch ein bisschen „Köpfchenarbeit" abzufordern. Des Weiteren sollten ihm die Bewegungsübungen mehr Lebensfreude schenken, und vom gemeinsamen Erarbeiten der Übungen versprach ich mir eine Entkrampfung der angespannten Beziehung zwischen Rubi und seinen Menschen.

„Learning by eating" – aber nicht bei Katzen

Die Entwöhnung vom Trockenfutter war nicht leicht. Viele Katzen lieben ihr Trockenfutter, sie lieben das Geräusch des Knackens, das „Crunchige". Es wird vermutet, dass es sie daran erinnert, die Knochen einer Maus zu zernagen. Beutetiere wie Mäuse und Vögel werden von Katzen im Ganzen gefressen, meist bleibt nur die Galle übrig. Einer meiner Kater frisst sogar diese mit. Katzen wissen leider nicht, entgegen der weithin verbreiteten Meinung, was gut für sie ist, wenn es um die Verträglichkeit des Futters geht, sieht man mal von reinen Mäusefressern ab. Sie können durch den Verzehr einer Substanz schwer krank geworden sein, trotzdem würden sie diese beim nächsten Mal nicht zwangsläufig meiden. „Learning by eating" trifft leider nicht auf Katzen zu. Diese Tatsache bedeutet für den Halter, dass er in dieser Beziehung nicht auf seine Katze hören sollte, sondern sich um die Bereitstellung von gesundem und artgerechtem Futter kümmern muss. Zuweilen sind Katzen sehr beratungsresistent und hartnäckig, wenn man sie an ein anderes Fressen gewöhnen will.

Futterumstellung bei Katzen

Die Futterumstellung bei Katzen erfolgt idealerweise langsam und in kleinen Schritten. Nur in Ausnahmefällen, etwa bei Allergien und Unverträglichkeiten, geschieht sie von heute auf morgen. In einem solchen Fall kann man mit einer speziellen Bachblütenmischung oft unterstützend helfen. Ich arbeite in meiner Praxis eng mit Tierärztinnen zusammen, die die Futterumstellung mit einer auf das Tier abgestimmten Kräutermischung nach Traditioneller Chinesischer Medizin begleiten. Der Katzenkörper muss sich auf die neue Nahrung einstellen können, deshalb sollte auch bei gesunden Tieren die Futterumstellung nicht plötzlich von heute auf morgen geschehen. Außerdem müssen wir lieb gewonnene Gewohnheiten und Vorlieben beachten, da das Futter einen hohen Stellenwert – und im Idealfall einen Genuss – für die Katze darstellt.

Wenn man die Ernährung verändert, sollte man jeden Tag etwas mehr von dem neuen Futter unter das alte mischen und genau beobachten, wie der Körper der Katze darauf reagiert. Kommt es zu Verdauungsproblemen wie Durchfall, Blähungen oder Verstopfung, muss die Umstellung noch langsamer vonstattengehen.

Wenn Katzen ihr neues Futter nicht wollen
Katzen treiben ihre Halter während einer Futterumstellung oft in den Wahnsinn. Viele entwickeln aufgrund von Prägung und Gewohnheit einen sehr einseitigen Geschmack und fressen beispielsweise

nur Trockenfutter oder nur Futter einer bestimmten Marke. In der Natur hilft ihnen dieser ausgesprochene Starrsinn zu überleben. Sie fressen nur das, was ihnen ihre Mutter zu fressen beigebracht hat. Da sie meist ausdauernd und lautstark ihren Unmut über ein Futter kundtun, erhalten sie in der Regel von den entnervten Haltern das, was sie wollen.

Wir müssen uns über die ernährungsphysiologischen Bedürfnisse der Katzen informieren und sie sanft dazu anleiten, ein artgerechtes Futter anzunehmen. Dabei ist aller Anfang schwer, doch mit Geduld und Beharrlichkeit kommt man zum Ziel.

Geben Sie nicht gleich auf, wenn Ihre Katze die Nase rümpft, sondern nehmen Sie das Futter erst einmal weg und bieten es ihr später erneut an, gegebenenfalls in der Umstellungsphase mit etwas zerbröseltem Trockenfutter oder einem Leckerchen als Appetizer. Auch bei Katzen ist Hunger der beste Koch! Neues Futter sollte ihnen nicht angeboten werden, wenn sie keinen Appetit haben oder lieber schlafen möchten.

Auch bei Rubi reagierten seine Menschen sofort und waren schließlich erfolgreich: Nach meinem Besuch hatten Katrin und ihr Mann sich spontan entschlossen, Rubi nun nicht mehr aus Angst vor seinen Hinterlassenschaften ständig nach draußen zu befördern. Das hatte die Situation schon mal ein wenig entspannt. Ein paar Wochen nach Rubis Futterumstellung und dem konsequent durchgeführten Clickertraining erhielt ich einen glücklichen Brief von Katrin und Robert: „Nach mehreren Wochen des Trainings kam der Tag, an den wir nicht mehr geglaubt hatten. Seit gut zwei Wochen haben wir wieder einen sauberen, stubenreinen Kater, der scharf aufs Clickern ist und oft nur darauf wartet, bis es endlich losgeht. Er ist entspannt, hat kein nervöses Zucken mehr, und manchmal denken wir, dass wir einen anderen Kater haben." Auch das Problem mit den Nachbarn hatte sich so erledigt.

Mein Fall
Familie Bäumer und Leonie –
Ein Wasserfall im Treppenhaus

Rosie Bäumer stammt aus einer katzenvernarrten Familie und war in ländlicher Umgebung in Oberbayern zusammen mit Katzen aufgewachsen. Als sie zum Studieren nach München zog, entschied sie, in der Stadt keine Katzen zu halten, denn für sie fühlte es sich unnatürlich an, wenn Katzen keine Möglichkeit zum Freigang haben. Nach ihrem Studium heiratete sie ihre Jugendliebe und das junge Paar bezog ein Einfamilienhaus in der Nähe von Nürnberg. Rosie und ihr frischgebackener Ehemann Hans Bäumer hielten das große Grundstück mit Terrasse und Garten für den richtigen Ort, um zwei Katzengeschwister ein glückliches Zuhause zu geben. Frau Bäumer liebte British-Kurzhaar-Katzen und so wendeten sie sich an eine Züchterin in ihrer Nähe, die jedoch nur noch ein Britisch-Kurzhaar-Junges im Alter von zwölf Wochen abzugeben hatte. Die Bäumers kauften das Kätzchen und nannten es Ella. Da Ella nicht allein leben sollte, kam vier Wochen später ein weiteres Kätzchen, Leonie, im Alter von neun Wochen dazu. Leonie war anfänglich sehr scheu, nur zu Ella suchte sie ständig Körperkontakt und kuschelte sich gern an, was Rosie vermuten ließ, dass sie ihre Mutter und ihre Geschwister sehr vermisste. Ella war von Leonies hartnäckigen Annäherungsversuchen jedoch alles andere als begeistert und machte durch Knurren deutlich, dass sie Leonie als unerwünschten Eindringling empfand. Sie und Leonie gewöhnten sich notgedrungen aneinander, kuschelten sogar ab und zu zusammen, wobei der Impuls jedoch immer von Leonie ausging und Ella es ohne große Begeisterung geschehen ließ. Rosie war von Ellas unfreundlichem Verhalten irritiert und rief die Züchterin an, die ihr gestand, dass Ella in dem Wurf eine Einzelgängerin gewesen war, die sich ihren Geschwistern gegenüber zurückhaltend verhalten hatte. Leonie, die in Ella keine Gefährtin fand, ging gern nach draußen, vor allem das mit Pflanzen zugewucherte, verwilderte Nachbargrundstück zog sie magisch an. Hier gab es im hohen Gras viel zu entdecken, Leonie konnte dort stundenlang herumstrolchen. Es dauerte nicht lange, bis Rosi Bäumer Leonies Jagdgeschenke auf ihrer Fußmatte vorfand. Ella dagegen zog es vor, im Haus zu bleiben und auf der Couch zu liegen. Rosie empfand Ella im Vergleich zu Leonie als phlegmatisch und träge. Ihr schien es, als sei Ella der Garten eher unheimlich und die Mäusejagd viel zu anstrengend. Ella zog es vor, auf dem Sofa oder in der Sonne zu dösen und nach engem Kontakt zu Leonie stand ihr nicht der Sinn.

Als beide Katzen vier Jahre alt waren, kam Rosie Bäumers erstes Kind zur Welt. Leonie verbrachte nach der Geburt der Tochter noch mehr Zeit im Garten, während Ella ihrem Wesen nach unbeeindruckt und gelassen auf das Baby reagierte.

Drei Jahre später kam das zweite Kind und verstärkte die Dynamik im Katzenhaushalt: Während Ella lethargischer wurde, reagierte Leonie ängstlich und wurde zunehmend scheuer.

Die Nachbarin wurde zur Bezugsperson

Im Haus neben Bäumers wohnte eine alte Dame, Frau Ehlers, die Katzen gegenüber sehr aufgeschlossen war, selbst aber katzenlos blieb. Nach der Geburt des zweiten Kindes wurde die Nachbarin für Leonie mehr und mehr zur Bezugsperson. Leonie hielt sich immer öfter bei der alten Dame auf und genoss dieses „neue" ruhige Zuhause zusehends. Zu Leonies Unglück erlitt Frau Ehlers einen Schlaganfall, kam ins Krankenhaus und anschließend für eine längere Zeit in eine Reha-Klinik. Das führte zu einer dramatischen Wende: Auf den Verlust der neuen Freundin reagierte Leonie mit Unsauberkeit. Zuerst urinierte sie auf die Fußmatte und den weichen Florteppich im Kinderzimmer. Als Nächstes waren die Bettbezüge und Kissen der Familie beschmutzt, bis immer mehr Stellen im Haus nach Katzenurin rochen und Leonie ihre Katzentoilette komplett mied. Ihre Unsauberkeit steigerte sich derart, dass Rosie Bäumer Leonie auf den oberen Treppenstufen des dreistöckigen Hauses hocken sah und beobachtete, wie die Katze von dort hinunterpinkelte, sodass ihr Urin durch das gesamte Treppenhaus floss. In ihrer Verzweiflung wusste sich Frau Bäumer nicht anders zu helfen, als Leonie anzuschreien und auszuschimpfen, was aber nur dazu führte, dass Leonie ihre Pinkelattacken auf die Nacht verlagerte, wenn keiner sie dabei beobachtete. Wenn die Bäumers morgens die Treppe hinunterlaufen wollten, mussten sie aufpassen, um nicht auf dem vom Katzenurin verklebten Treppenstufen auszurutschen.

Leonies geliebte Frau Ehlers kam nie wieder zurück; die alte Dame wurde in einem Pflegeheim untergebracht, sodass das Haus fortan leer stand. Leonie saß monatelang vor dem Fenster und wartete auf ihre lieb gewonnene Freundin. Rosie Bäumer litt mit, weil sie Leonies seelischen Schmerz fühlen konnte und nicht wusste, wie sie ihrer Katze helfen sollte. Sie versuchte, ihr mehr Aufmerksamkeit zu schenken, aber Leonies Unsauberkeit blieb bestehen. Frau Bäumer verbrachte Stunden mit Putzen und durchforstete das Haus nach weiteren Urinspuren. Sie war verzweifelt, traurig und wütend zugleich, wollte Leonie aber auf keinen Fall abgeben, weil sie sehr an ihr hing und unbedingt eine Lösung finden wollte. Wäre es nach Hans Bäumer gegangen, so wäre die unsaubere Katze längst an eine andere Familie weitervermittelt worden. Er hing nicht so an Leonie wie seine Frau, die im Haus lebende Ella stand ihm näher. Frau Bäumer dagegen zermarterte sich das Hirn, was sie für Leonies Seelenheil tun könnte. Sie nahm sie abends auf dem Sofa auf ihren Schoß und ließ sie nachts mit im Bett schlafen. Tagsüber verbrachten sie wenig Zeit miteinander, Frau Bäumer hatte mit den kleinen Kindern und dem Haushalt einfach zu viel um die Ohren. Als nichts den erhofften Erfolg brachte und die Situation für alle unerträglich wurde, rief Frau Bäumer mich an.

Clickertraining für Leonies Selbstbewusstsein

Frau Bäumer und ich nahmen uns viel Zeit, um Leonies Geschichte Schritt für Schritt nachzuzeichnen und der Unsauberkeit auf die Spur zu kommen. Der Verlust von Frau Ehlers war der Auslöser für die massive und plötzlich aufgetretene Unsauberkeit von Leonie gewesen, das schien bald klar zu sein. Mir gab zu denken, dass Leonie bei der alten Dame, bei der sie ihre Ruhe hatte und verwöhnt wurde, nie unsauber war, wie Frau Bäumer bestätigte. Auch fiel mir bei meinen Besuchen auf, dass Ella übergewichtig war, und ich konnte sogar beobachten, wie Ella Leonie beim Fressen wegdrängte und einen regelrechten Futterneid zeigte.

Der Tierarzt, den Frau Bäumer um Rat bat, untersuchte Leonie auf Nieren- oder Blasenprobleme, da er eine stressbedingte Blasenentzündung vermutete, ausgelöst durch die zahlreichen negativen Veränderungen in Leonies Leben. Als die Laborergebnisse diesen Verdacht nicht bestätigten, empfahl er, eine der Katzen abzugeben. Hätte Frau Ehlers noch nebenan gewohnt, hätte Frau Bäumer die alte Dame schweren Herzens gefragt, ob sie Leonie adoptieren wolle. Doch so gab es niemanden, dem sie Leonie guten Gewissens hätte anvertrauen können.

Hellhörig wurde ich, als Frau Bäumer mir erzählte, dass Ella aus einer turbulenten, kinderreichen Züchterfamilie stammte, aber trotz vieler Geschwister schon früh gezeigt hatte, dass sie sich gern zurückzog und lieber allein blieb. Leonie hatte Frau Bäumer dagegen von einer in einer sehr kleinen Wohnung allein lebenden Züchterin erhalten, in deren Haushalt es sehr ruhig zuging. Das erklärte einiges:

Leonies Sozialisation in einer reizarmen Umgebung hatte sie nicht sehr stressresistent werden lassen, außerdem war sie mit neun Wochen zu früh abgegeben worden. Durch die beiden lauten Kleinkinder, das zunehmend schwierige Verhalten der charakterlich ganz anders gearteten Ella und den Verlust der alten Dame hatte sie völlig den Boden unter den Pfoten verloren. Leonies Reaktion, scheinbar wahllos durch das ganze Haus zu urinieren, war ein Zeichen für eine hohe Stressbelastung. Wir mussten einen Weg finden, dieses Stresslevel zu senken, Leonie zu helfen, ihre Trauer über den Verlust der geliebten Bezugsperson zu verarbeiten, ihren Stress mit Ella und einem turbulenten menschlichen Haushalt zu reduzieren und ihr Selbstbewusstsein zu stärken, sodass sie neuen Lebensmut fassen konnte.

Seelenmassage für Leonie

Leonie bekam eine für sie zusammengestellte Bachblütenmischung, die sie in der Trauerphase um den Verlust der Nachbarin unterstützen und ihr neuen Lebensmut geben sollte. Ich zeigte Frau Bäumer wohltuende Massagegriffe für Katzen, die Leonie sichtlich genoss, und ich unterwies Frau Bäumer im Clickern. Massage und Clickern waren beides Maßnahmen, die Frau Bäumer die Möglichkeit gaben, ihre Leonie wieder anders und inniger wahrzunehmen, nicht mehr nur als problematische „Pinkelkatze", sondern als sensibles und gleichzeitig ihr zugewandtes Tier. Mensch und Tier konnten so wieder enger zusammenfinden.

Bei Leonie bestand die Therapie darin, ihr wieder positive Erlebnisse und eine unbeschwerte Zeit mit Frau Bäumer zu ermöglichen. Durch das Clickertraining erfuhr sie die ungeteilte Aufmerksamkeit ihrer menschlichen Bezugsperson. Wir stellten ihr Aufgaben, die sie gut meistern konnte, was ihr angekratztes Selbstbewusstsein stärkte. Auch die etwas behäbige Ella, die anfangs beim Clickertraining nur skeptisch von ihrem Kratzbaum herabschaute, wollte plötzlich ein

Teil des Teams werden. Interessant ist, dass Katzen, die beim Clickern anfangs nur zuschauen, trotzdem lernen. Wenn sie schließlich an der Reihe sind, überraschen sie damit, dass sie Übungsaufgaben lösen, bei deren Durchführung sie ihre Mitkatze nur beobachtet haben. Ellas Elan lag sicherlich auch daran, dass es so leckere Motivationshappen gab. Durch die körperlichen Aktivitäten beim Clickertraining nahm Ella mit der Zeit sogar ab, was ihr sichtlich guttat.

Die beiden Kätzinnen verstanden sich nun viel besser. Durch das Clickertraining konnte Leonie sich neu erleben und wurde mental und körperlich gestärkt. Die auf sie abgestimmte Bachblütenmischung gab ihr Selbstvertrauen und brachte sie nach der Trauerphase um die Nachbarin wieder in ihr Gleichgewicht. Bachblüten sind eine effiziente und sanfte Methode, Tier und Mensch seelisch zu stabilisieren. Frau Bäumer rief nach einigen Wochen an und berichtete, dass die Maßnahmen wirkten, es habe in der ganzen Zeit nur noch einen einzigen Pinkelvorfall gegeben, wie sie sagte. Zum Abschluss der Therapie schrieb sie mir, dass sie Leonie als viel selbstbewusster erlebe, denn sie könne sich Ella gegenüber jetzt behaupten und lasse sich nicht länger von ihr die Butter vom Brot nehmen. Sie sei überglücklich, dass der Familienfrieden wiederhergestellt worden war.

🐈 Markieren ist Teil des Katzenverhaltens

Markieren ist für Katzen ein wichtiger Aspekt ihres Lebens und bietet ihnen viele Möglichkeiten, mit ihren Artgenossen indirekt zu kommunizieren, indem sie sowohl Botschaften hinterlassen als auch im Gegenzug Informationen über andere Katzen erhalten. Unsere Stubentiger markieren mit sichtbaren, olfaktorischen (den Geruchssinn betreffenden) und akustischen Mitteln. Platzierte Geruchsmitteilungen durch Körperausscheidungen und -sekrete können wir deutlich riechen, Pheromone als Kommunikationsträger sind für uns dagegen nicht wahrnehmbar. Pheromone sind chemische Botenstoffe, die von Katzen mithilfe ihrer Duftdrüsen, die sich am Körper befinden, hinterlassen werden. Katzen verfügen über ein spezielles „Lesegerät" für diese Duftmarken, ein Organ, das im Katzengaumen liegt und die Pheromone aus der Luft filtern kann. Dieses Organ wird Vomeronasal- oder auch Jacobsonsches Organ genannt.

Katzen hinterlassen viele Informationen durch Markierungen, an denen sich andere Katzen orientieren können. Sie geben sich große

Mühe, um die Markierungen sichtbar und riechbar zu machen. Samtpfoten nutzen ihren persönlichen Duft und ihre Geruchsfähigkeit als eine Form der indirekten Kommunikation mit Artgenossen und zum Abstecken ihres Territoriums. Eine Funktion des Markierens ist es, andere Katzen fernzuhalten. Eine Ausnahme sind die Geruchsmarkierungen unter befreundeten Individuen und am Menschen. Wenn Ihre Katze Ihnen zur Begrüßung um die Beine streicht und ihr Köpfchen an Ihrer Hose reibt, ist das eine eindeutige Botschaft: Du gehörst zu mir – wir sind ein Team! Das Gleiche gilt auch für Gegenstände in der Wohnung, an denen Ihr Kätzchen seinen Kopf reibt, es bedeutet: Das ist mein Revier.

Katzen verdeutlichen anderen Katzen ihre Revieransprüche (auch) durch Kratz- und Harnmarkieren. Diese Ausdrucksmittel und Kommunikationsformen sind für das Wohlbefinden unserer Stubentiger von elementarer Bedeutung und helfen ihnen, sich in ihrem Territorium sicher zu fühlen. Wir Menschen nutzen ein großes Arsenal an Mitteln, um unseren persönlichen Bereich gegen unsere Nachbarn abzugrenzen. Um unser Zuhause ziehen wir Zäune, pflanzen Hecken, bringen Namensschilder an oder platzieren ausgewählte Gegenstände an der Haustür, um unserem Eingang eine persönliche Note zu geben. Am Strand oder im Schwimmbad legen wir unsere Handtücher auf den Boden beziehungsweise auf eine Liege oder bauen Sandburgen, um unser Areal eindeutig gegenüber Artgenossen zu kennzeichnen. Vor einiger Zeit berichteten Boulevardzeitungen über einen regelrechten „Handtuchkrieg auf Mallorca" zwischen deutschen und britischen Urlaubern. Der Unmut begann, als deutsche Urlauber bereits kurz nach Sonnenaufgang die begehrten Sonnenliegen im Swimmingpoolbereich mittels ihrer Handtücher „reviertechnisch" belegten, um sich dann wieder schlafen zu legen. Die verärgerten, später erwachten Briten sahen sich mit eindeutigen (teutonischen) Reviermarkierungen konfrontiert. Dieser Konflikt ist mittlerweile salomonisch gelöst, indem man seinen Liegestuhl gegen einen Aufpreis bereits bei seiner Hotelbuchung bestellen kann. Mit derartigen Verhaltensweisen wollen wir bewusst oder unbewusst anderen Menschen signalisieren, dass sie unser Grundstück oder unser Revier tunlichst zu respektieren haben. Katzen agieren in dieser Hinsicht nicht anders. Oft, aber nicht ausschließlich, neigen wenig selbstbewusste oder verunsicherte Katzen dazu, ihre Umgebung ausgiebiger zu markieren, um sich mit ihren eigenen Spuren und Gerüchen zu beruhigen. Die Intensität des Markierens lässt Rückschlüsse auf den Grad ihrer Verunsicherung zu.

Harnmarkieren

Das Harnmarkieren muss von der Unsauberkeit getrennt werden, denn es ist ein natürliches Verhalten. Harnmarkieren wird von Katzenhaltern akzeptiert, solange dies im Garten oder auf den Streifzügen durchs Revier stattfindet, jedoch nicht im Haus. Entgegen der landläufigen Meinung kann jede Katze mit Harn markieren, männliche und weibliche, kastrierte und unkastrierte. Das scheint vielen Menschen nicht bewusst zu sein. Wir haben Katzenhalter über einen Zeitraum von drei Jahren auf verschiedenen Messen und bei Vorträgen gebeten, anhand eines Fragebogens ihr Wissen über Katzen zu testen. Dabei haben wir mehr als 1 200 Fragebögen gesammelt und ausgewertet. Eine der Fragen bezog sich darauf, welche Katzen Harnmarkieren können, und die überraschende Antwort, die mehr als achtzig Prozent der Katzenleute gab, war: nur unkastrierte Kater. Hier gibt es also noch viel zu lernen. Die Wahrscheinlichkeit, dass im Haus markiert wird, ist bei unkastrierten geschlechtsreifen Katern in der Tat am größten, auch unkastrierte Katzen markieren während der Rolligkeit häufig im Haus. Nach der österreichischen Verhaltensveterinärin Sabine Schroll markieren noch etwa zehn Prozent der kastrierten Kater und fünf Prozent der kastrierten Katzen im häuslichen Bereich. In der Wohnung kann Harnmarkieren durch einen erkennbaren Auslöser verursacht sein, aber auch durch mangelndes Selbstbewusstsein oder aufgrund schlechter Sozialisierung. In der Praxis ist es nicht immer leicht, Urinieren außerhalb der Katzentoilette vom Harnmarkieren zu unterscheiden. Meistens finden wir vertikale Markierungsspuren an Wänden, Fensterrahmen, Türen, Tapeten, Schränken etc. Entgegen der Annahme, dass nur beim Urinieren viel Flüssigkeit abgesetzt und folglich zu finden ist, kann auch das beim Markieren verspritzte Flüssigkeitsvolumen erheblich sein. Ich kenne etliche Fälle, bei denen die Katzen, allesamt kastriert, weibliche und männliche Tiere, große Mengen Harn verspritzten und die Halter fälschlicherweise davon ausgingen, dass ihre Katze unsauber sei.

Mein Fall
Marek Wilgotzki und Benny –
Die neuen Nachbarinnen Charleen und Rosa

Marek Wilgotzki, Student der Wirtschaftswissenschaften, wohnte mit seinem siebenjährigen Britisch-Kurzhaar-Kater Benny seit Kurzem in einer kleinen Wohnung in Köln. Marek hatte ihn auf einem Wochenmarkt in Stettin erworben und sein Alter damals auf sechs bis acht Wochen geschätzt.

Bennys Herkunft lag also im Dunkeln. Es gibt etliche kleinere und größere Tiermärkte, wo Rassekatzen ohne oder mit gefälschten Papieren sowie Rassekatzenmixe und EKH-Katzen für wenig Geld – ganz legal und in der Regel viel zu jung – unters Volk gebracht werden, nicht nur in Osteuropa. Diese Tiere sind oft krank und traumatisiert, sie haben vermutlich ihre ersten Lebenswochen unter schlechten Bedingungen verbracht. Kein guter Start ins Leben. Zum Glück für den kleinen Kater war Benny in gute Hände gekommen. Man muss sich als Käufer klarmachen, dass man mit dem Erwerb eines solchen Tieres diesen Verkaufszweig am Leben erhält, wird doch von Händlerseite darauf spekuliert, dass Kunden die Katzen aus Mitleid mitnehmen.

Allerdings hatte Marek keine Erfahrung als Katzenhalter und bisher in seinem Leben auch kaum Kontakt zu Katzen gehabt. Ihm war nicht bewusst, dass er seinen Kater viel zu jung und aus fragwürdigen Verhältnissen erstanden hatte. Sein Glück mit einem bisher verhaltensunauffälligen Benny wusste er also gar nicht zu schätzen.

Als Benny von heute auf morgen begann, die Wohnungstür zu markieren und seinen Urin zudem neben dem Katzenklo absetzte, rief Marek mich entsetzt und besorgt an: Benny pinkle ihm plötzlich die Wohnung voll, solche Probleme seien völlig neu.

Die Toilette war unzumutbar

Benny war eine reine Wohnungskatze und hatte nur wenig Platz zur Verfügung. Als ich das Katzenklo im Bad sah, wunderte ich mich sehr, dass es Benny bis vor Kurzem überhaupt problemlos benutzt hatte. Es war nur eine kleine Plastikwanne, die Marek nicht mit Katzenstreu gefüllt, sondern mit Zeitungen ausgelegt hatte. Benny konnte seine Hinterlassenschaften also nicht einmal verscharren, zudem stand er beim Verrichten seiner Notdurft auf dem feuchten, durchweichten Papier voll von giftiger Druckerschwärze. Als ich Marek auf diese äußerst katzenunfreundliche Art der Toilette ansprach, war er sehr erstaunt und sagte, dies sei eine gängige polnische Variante. Ich erklärte ihm, dass sein Benny ein lieber Kerl sein müsse, wenn er diese Situation so lange mitgemacht habe. Meine Kater würden mir bei so einer Toilette wahrscheinlich zu Recht morgens auf das Kopfkissen pinkeln. Ich war fest davon überzeugt, dass Benny schnell wieder stubenrein würde, wenn wir ihm ein geeignetes Klo mit geeigneter Einstreu beschafften. Marek war unsicher, was er kaufen sollte, und bat mich, ihn beim Einkauf zu begleiten. Wir gingen in ein großes Zoogeschäft und besorgten Jumbo-Katzenklos, die so groß waren, dass der Kater bequem hocken, sich drehen und seine Hinterlassenschaften verscharren konnte. Des Weiteren nahmen wir eine weiche Katzenstreu aus Naturmaterialien mit.

Als ich Marek nach Bennys Kastration fragte, erfuhr ich zu meinem Erstaunen, dass Benny mit seinen sieben Jahren noch ein ganzer Kerl war. Marek erzählte mir, dass der Tierarzt ihm damals von einer Kastration abgeraten habe, mit dem Hinweis, er solle abwarten, bis sein Kater anfange zu markieren. Ich war erstaunt, denn es passiert selten, dass ich, außer in Züchterhaushalten, zu unkastrierten Wohnungskatern gerufen werde. Die Kastration musste also zügig nachgeholt werden, und durch einen befreundeten Tierarzt erhielten wir auch gleich am nächsten Tag einen Termin.

Das völlig ungeeignete Katzenklo und die Tatsache, dass Benny nicht kastriert war, schien mir schon Grund genug zu sein für Bennys Unsauberkeit und das Harnmarkieren an der Tür. Doch dann wartete eine weitere Überraschung auf mich. Im Treppenhaus auf dem Rückweg vom Zoogeschäft und bepackt mit Katzenklos und Streu trafen wir auf Mareks neue Nachbarin Charleen. Außerdem kam uns eine freundliche Katzendame namens Rosa freudig aus Charleens offen stehender Wohnungstür entgegen. Sie strich uns um die Beine und wollte gestreichelt werden. Auf meine Frage, ob die Katzen sich schon kennen würden, gestand Charleen: Nicht direkt, doch ihre Katze sitze manchmal stundenlang vor Mareks verschlossener Tür und warte darauf, dass Benny herauskomme. Schnell stellte sich heraus, dass Bennys Markieren an der Wohnungstür mit Rosas Einzug begonnen hatte. Das Rätsel war gelöst: Da Benny die Katze hinter

„seiner Wohnungstür" als Bedrohung erlebte, die er zwar hören und riechen, aber nicht sehen konnte, musste er seine Reviergrenze markieren. Rosas Anwesenheit bedeutete Stress für den Katzenmann und war sicher auch der Auslöser für seine plötzliche Unsauberkeit. Er war mit Rosa überfordert und mit seiner Geduld am Ende, mit einer viel zu kleinen Katzentoilette und der fehlenden Katzenstreu – das heißt mit einer nicht katzengemäßen Situation – zu leben.

Zufälle führen zur Lösung

Oft sind es Zufälle, wie auch in Bennys Fall, die mich zur Lösung eines Problems führen. Marek hatte mir nichts von der neuen Nachbarkatze erzählt, weil ihm nicht bewusst war, dass Rosas Gegenwart mit der Verhaltensauffälligkeit seines Katers verbunden sein könnte. Als wir die Ereignisse chronologisch zurückverfolgten, wurde jedoch deutlich, dass Bennys Harnmarkieren mit dem Einzug der Nachbarkatze begonnen hatte. Die neugierige, freundliche Rosa, die sich so gut mit Menschen verstand und offensichtlich auch kätzische Nachbarschaft suchte, stellte aus Bennys Sicht, der wahrscheinlich keine artgemäße Sozialisation erfahren hatte, eine Gefahr dar. Er musste sozusagen an der Eingangstür markieren, um gegen den Eindringling Rosa sein Revier abzusichern. Aber auch Katzen mit einer katzengemäßen Kinderstube wären zunächst von Rosas Gegenwart und ihrem aus Katzensicht betrachtet dreisten Verhalten irritiert gewesen.

Ich suchte das Gespräch mit Charleen und bat sie, darauf zu achten, Rosa nicht mehr vor Mareks Eingangstür sitzen zu lassen, um Bennys Stresslevel zu reduzieren. Charleen hatte ursprünglich die Vorstellung gehegt, wie schön es für die beiden Katzen wäre, sich miteinander anzufreunden und sich gegenseitig zu besuchen. Das ist ein rein menschlicher und nicht auf Katzen übertragbarer Wunsch, nach dem Motto: „Wir können ja mal einen Kaffee zusammen trinken gehen."

Nachdem Rosas Besuche aufhörten, Benny kastriert war und die Urinstellen mit einem speziellen enzymatischen Reiniger überall gründlich entfernt wurden, markierte der Kater nicht mehr. Er nahm zudem seine neuen Katzentoiletten und die weiche Einstreu ganz offensichtlich mit großer Freude an. Der Fall war nach knapp zwei Wochen vollständig gelöst.

Mein Fall
Familie Schmitz, Tori und Marty – Simba, der Schreck aus der Nachbarschaft

Petra und Werner Schmitz lebten mit den beiden sechs und acht Jahre alten Norwegerkatern Tori und Marty zusammen. Sie hatten die beiden ansehnlichen Katzenjungs mit dem dichten Fell vor fünf Jahren von einer Familie übernommen, die die Kater abgeben mussten, da ihr Sohn allergisch auf Katzenhaare reagierte. Die Familie hatte Schmitzens gebeten, die Kater heimlich nachts abzuholen, während ihre Kinder schliefen, mit der Begründung, dass die Kinder es nicht verkraften würden, wenn man ihnen die geliebten Katzenfreunde vor der Nase wegnähme.

Familie Schmitz erhielt während der hastig durchgeführten Nacht-und-Nebel-Aktion keine Informationen über die Herkunft der Kater, in welchem Alter sie zu der Familie gekommen waren, wie ihr Leben bei den Züchtern ausgesehen hatte und wie sie aufgezogen worden waren, und sie wagten auch nicht nach näheren Details zu fragen. Petra und Werner fanden Tori und Marty bezaubernd und auch aufgrund ihres Äußeren sehr ansprechend. Ihnen war hauptsächlich wichtig, zwei Katzen zu adoptieren, die gut miteinander harmonierten. Die ehemaligen Halter der beiden Kater hatten ausdrücklich darum gebeten, keinen Kontakt mehr zu ihnen aufzunehmen, weil sie meinten, es wäre für die Kinder besser, wenn die Katzen einfach verschwänden und nicht mehr über sie geredet würde. Den Schmitzens erschien dies eine seltsame und aus pädagogischer Sicht fragwürdige Herangehensweise, trauten sich aber nicht zu protestieren. Die beiden Kater lebten sich schnell und komplikationslos ein, verstanden sich gut, und das gemeinsame Leben war unbeschwert. Dann zogen die Schmitzens in eine Doppelhaushälfte mit Garten. Die Gegend lag abseits gefährlicher Straßen. Sie hatten bewusst nach einem katzengeeigneten Haus gesucht und freuten sich ungemein, Tori und Marty Freilauf gewähren zu können, zumal sie gehört hatten, dass gerade Norweger den Freigang sehr genießen.

Bevor Petra und Werner Schmitz das Haus mieteten, sprachen sie mit den direkten Nachbarn und versuchten in vorbildlicher Art und Weise, sich und ihre Katzen einzuführen. Sie freuten sich, als sie herausfanden, dass ihre Nachbarn nicht nur Katzenfreunde waren, sondern selbst auch einen Kater hatten. Der Thaikater Simba war ein großes, selbstbewusstes Tier, das in der Nachbarschaft wie ein bunter Hund bekannt und beliebt war. Höchst kontaktfreudig und gesprächig machte er seiner Rasse alle Ehre. Er liebte es, durch die Nachbargärten zu streifen, ganz selbstverständlich betrat er dabei jedes Haus in der Siedlung und schaute, was dort los war. Durch sein einnehmendes Wesen mochten ihn fast alle, und auf seinen Streifzügen holte er sich überall seine Leckerchen und Streicheleinheiten ab. In dem Haus, in das die Schmitzens einziehen wollten, hatte vorher eine Familie mit einem Pudel gewohnt, mit dem sich Simba angefreundet hatte. Simba war bei den Vormietern ein und aus gegangen und hatte mit seinem Hundefreund Elis wild und ausgelassen herumgetollt, sie hatten sich spielerisch gejagt und viel Zeit miteinander verbracht. Als sein Hundekumpel Elis wegzog, schien Simba eine ganze Weile um seinen Freund zu trauern, hatte er doch seinen besten und treuesten Spielkameraden verloren.

Überfall beim Frühstück

Ob und wie Tori und Marty auf Artgenossen sozialisiert waren, wussten Petra und Werner nicht, sie hatten nur erfahren, dass Tori und Marty als reine Wohnungskatzen während der Zeit bei ihrer Abgabefamilie keinen Kontakt zu anderen Katzen gehabt hatten. Der Umzug verlief nicht so reibungslos wie geplant, da sich einiges verzögerte. Petra und Werner Schmitz mussten mit ihren Norwegern in ein noch nicht fertig renoviertes und eingerichtetes Haus einziehen: Einige der bestellten Möbel waren nicht termingerecht angeliefert worden, der neue Teppichboden fehlte und die Farbe an den Wänden war noch feucht. Die Kater waren durch den Umzug und die neue Umgebung verstört und aufgewühlt, zudem rochen alle Räume fremdartig und unangenehm nach Farbe und diversen Chemikalien. In den ersten Tagen gaben sich die Handwerker die Klinke in die Hand, um die Renovierungsarbeiten abzuschließen. Das machte es für Menschen und Katzen schwierig, im neuen Heim zur Ruhe zu kommen.

Kurz nach dem Einzug saßen Petra und Werner beim Frühstück und hatten die Terrassentür offen stehen, als der Nachbarskater Simba plötzlich laut miauend hereinspazierte. Nicht nur die Schmitzens zuckten zusammen, auch ihre beiden Kater Tori und Marty erschreckten fürchterlich. Sie fauchten, knurrten und stoben aufgelöst davon, während Simba ihnen sofort freudig nachsetzte. Offensichtlich war Simba Verfolgungsjagden durchs Haus von seinem Pudelfreund gewöhnt und hatte auch vor Marty und Tori keine Scheu. Marty, der die Treppe hochstürzte, setzte bei seiner Flucht vor Schreck Harn ab, während Tori sich vor Angst hinter der Couch verkroch. Die Schmitzens rannten laut schimpfend hinter Simba her, konnten den Kater schließlich greifen und wieder in den Garten hinausbefördern. Simba schien nicht zu begreifen, dass er Hausverbot bekam, als er sich plötzlich verdutzt vor verschlossener Terrassentür wiederfand, während sich seine potenziellen Spielgefährten drinnen vor Angst vollgepinkelt und verkrochen hatten. Er blieb stoisch vor der Terrassentür sitzen und verlangte Einlass.

Petra und Werner Schmitz wussten nicht, wie sie mit der Situation und dem zukünftigen Zusammentreffen der drei Kater umgehen sollten. Die Hoffnung, dass Simba nach dem unglücklichen Vorfall ihr Haus zukünftig meiden würde oder die Kater sich schon aneinander gewöhnen würden, erfüllte sich nicht. Simba belagerte die Terrassentür oder streifte im Garten herum. Tori und Marty trauten sich als Konsequenz nur noch selten aus der ersten Etage hinunter in den Wohnbereich und mieden aus Angst vor Simba nun vollends den Garten.

Kurz nach Simbas „Überfall" fingen Tori und Marty an, die Terrassentür mit Harn zu markieren – ein bisher für die beiden kastrierten Kater ganz ungewöhnliches Verhalten.

Auch wenn Familie Schmitz nicht wusste, welcher Kater markierte oder ob es alle beide waren, so konnten sie die Botschaft doch riechen. Was für die beiden Kater eine normale Reaktion war – der Ort, an dem der Eindringling hereinmarschierte oder sich sehen ließ, musste gekennzeichnet werden –, wurde für die Familie Schmitz zur unerträglichen Situation.

Die Nachbarn mussten aktiv mitmachen

Petra und Werner Schmitz wussten nicht, wie sie mit dem Problem umgehen sollten, und schalteten mich ein. Ärger und Besorgnis verspürten sie gleichermaßen, schließlich hatten sie mit Bedacht ein Haus gemietet, um ihren Katzen endlich Freigang zu gewähren, und nun saßen die beiden verschreckt drinnen und markierten, während ein anderer Kater draußen herumlief und unbedingt Einlass begehrte.

Dieser Fall war kompliziert und nicht schnell zu lösen. Ich musste ja nicht nur mit Tori und Marty arbeiten, sondern auch mit Simba

Kontakt aufnehmen beziehungsweise mit seinen Haltern. Das war nicht ganz einfach, denn sie sahen in Simba eher den Leidtragenden als den Verursacher des Problems, zumal Simba verträglich und freundlich war und von allen anderen Anwohnern geliebt wurde.

Mit Petra und Werner Schmitz überlegte ich verschiedene Wege, um Marty und Tori zu helfen: Man hätte ein Freigehege für die Norweger bauen oder den Garten der Schmitzens gegen andere Katzen absichern können. Letzteres war zum einen schwer umzusetzen, zum anderen hätte Simba auch einen Teil seines Reviers verloren. Man hätte die Zustimmung des Vermieters einholen müssen und es wäre sicherlich recht kostspielig geworden.

Petra und Werner fragten mich, ob sie Simba regelmäßig aus ihrem Garten verjagen sollten. Davon riet ich ab, weil es die Nachbarschaft zu stark belastet und wahrscheinlich auch seine Wirkung verfehlt hätte. So wie ich Simba kennengelernt hatte, hätte er dies als eine neue Herausforderung und Aufforderung zum Spiel interpretiert. Mein Vorschlag war, die drei Kater langsam zusammenzuführen, denn ich schätzte es auch als äußerst unrealistisch ein, Simba abzugewöhnen, bei Petra und Werner Schmitz vorbeizuschauen, da er es nicht nur gewohnt zu sein schien, sondern auch sehr neugierig war. Für eine gelungene Zusammenführung mussten wir in mehreren Schritten vorgehen, denn es bestand nur Aussicht auf Erfolg, wenn alle Beteiligten an einem Strang zogen.

Glücklicherweise konnte ich die Nachbarn Lilo und Klaus gewinnen, sich an der Therapie zu beteiligen, und zwar um Tori und Marty zu helfen, wie ich betonte, und nicht, weil ihr Kater Simba das Problem war. Dass sie mitmachten, dafür ist ihnen sehr zu danken. Es war auch für sie absolut nicht einfach. In diesem Fall zeigte sich wieder einmal, dass auch schwierige Probleme in den Griff zu bekommen sind, wenn die Halter aktiv mit ihrem Tier alle möglichen Lösungswege beschreiten und auch bei Rückschlägen nicht aufgeben.

Die Schafjägerin Sluggy

Ich bin immer wieder beeindruckt von der Willensstärke und dem Mut, die ich bei Siam- und Thaikatzen erlebe. Die Siamkatze Sluggy lebte bis zu ihrem Tod bei einem meiner Verwandten und begleitete ihn regelmäßig auf seine Reisen ans Meer. Sie gingen nach Einbruch der Dunkelheit zusammen auf dem Deich oder am Wasser spazieren, nachdem die Hundehalter ihre Runden gedreht hatten. Eines Nachts bei einem gemeinsamen Ausflug auf dem Deich entlang des Meeres, dem ich beiwohnen durfte, konnten wir beobachten, wie sich die knapp dreieinhalb Kilo schwere Katzendame in geduckter Haltung langsam an eine Schafherde mit Lämmern heranpirschte. In Norddeutschland werden Schafe oft auf Deichen gehalten, damit sie die Grasnarbe kurz halten und mit ihren Hufen den Boden festtreten. Schafe haben als potenzielle Beutetiere viele Feinde und verfügen neben einem guten Geruchssinn auch über ein extrem weites Blickfeld. Wir konnten es kaum glauben: Die Herde reagierte verschreckt auf das Jagdmanöver und formierte sich anfangs zu einem V – an der Spitze die erwachsenen Schafe zum Schutz, die Lämmer mit ihren Müttern in der Mitte und am Ende des Keils. Als Sluggy, wild mit ihrem Hinterteil zuckend, sich scheinbar anschickte, anzugreifen, galoppierte die Herde geschlossen davon – sie nahm Reißaus vor einer zierlichen Siamkatze! Sluggy hielt es offensichtlich für unbedeutend, dass zwischen ihr und einem ausgewachsenen Schaf ein Gewichtsunterschied von stolzen achtzig Kilo liegt beziehungsweise dass die Rechnung 4 Pfoten zu 100 Paarhufern nicht aufgehen würde. Vielleicht trug aber auch unsere Anwesenheit zu ihrem selbstsicheren Auftreten bei. Vielleicht fühlte sie sich dadurch besonders mutig und einfach unverwundbar. Ein schöner Gedanke, dass wir unseren Katzen das Gefühl und die Zuversicht geben können, dass alles möglich ist. Umgekehrt vermitteln mir meine Katzen auf einer emotionalen Ebene immer wieder, was wirklich wichtig ist.

Eine Verschnaufpause von Simba

Tori und Marty mussten dringend zur Ruhe kommen, um sich einleben zu können. Der Umzug und die Unruhe beim Einzug hatten sie bereits überfordert, als sie dann auch noch Simba durch seinen fulminanten Auftritt zu Tode erschreckte. Der Freigang, der ihnen hätte helfen können, zu ihrem Gleichgewicht zurückzufinden, war durch ihre Angst vor Simba versperrt.

Da half nur eins: Petra und Werner Schmitz mussten sich auf ein gemeinsames Vorgehen mit ihren Nachbarn einigen und wir entwickelten eine Strategie. Wie verabredet sperrten Lilo und Klaus ihren Simba tagsüber zu bestimmten Zeiten eine Zeit lang ins Haus, damit er nicht bei den verängstigten Nachbarkatern vorbeischauen konnte. Das fiel ihm nicht leicht und er machte seinem Protest erwartungsgemäß lautstark Luft.

Marty und Tori konnten aber so ungestört den Garten erkunden und ihr Revier einnehmen. Und das ohne den lauten, invasiven Kater, der andauernd um die Ecke kam. Die Strategie ging nach einigen Wochen auf, wir konnten zusehen, wie die beiden Norweger von Tag zu Tag mutiger wurden. Zur Unterstützung stellte ich ihnen eine Bachblütenmischung zusammen, die gegen den Schock und zur Verarbeitung der Ängste helfen sollte. Dass sich ihre Kater immer sicherer fühlten, merkten Petra und Werner daran, dass sie weniger und weniger markierten, schließlich markierten Marty und Tori die Terrassentür nur noch, wenn Simba nebenan laut hörbar vor sich hin plärrte.

Cat Agility für Simba

Mein nächstes Ziel war, Simba aus seinem Hausarrest zu entlassen, er sollte ja wieder tagsüber jederzeit ungehindert seine Runden drehen können. Dafür wollte ich mit allen drei Katzen, jedoch zunächst getrennt voneinander, clickern. Ich hatte einen Plan, verriet ihn aber noch nicht. Simba war, wie erwartet, ein Naturtalent und hielt seine

Menschen mit seinem Bedürfnis nach Clickertraining ganz schön auf Trab. Lilo und Klaus, die dem ganzen Projekt glücklicherweise sehr aufgeschlossen gegenüberstanden, freuten sich, dass Simba so auch von der Therapie profitierte. Ihr Kater lernte in kürzester Zeit die wildesten Kunststücke, es machte ihm einen Riesenspaß, wie ich vermutet hatte. Da er so begabt war, bauten wir ihm einzelne Hindernisse, die nach und nach zu einem Cat-Agility-Parcours zusammengestellt wurden. Cat Agility ist an das beliebte Agility aus dem Hundesport angelehnt und wurde zuerst in den USA auf Rassekatzenausstellungen gezeigt. Dort sind es vor allem sehr aktive Rassen wie Bengalen, Burmesen, Siam- und Thaikatzen sowie Abessinier, die man häufig beim öffentlichen Wettbewerb bewundern kann. In Europa fängt dieser Katzensport erst langsam an, Freunde zu finden. Allerdings eignet sich Cat Agility bei den allermeisten Katzen nur für zu Hause. Simba und seine Menschen dagegen hatten einen solchen Gefallen am gemeinsamen Training gefunden, dass sie alle Anwohner der Siedlung in ihren Garten einluden und Simba seine Show vor einem begeisterten Publikum zum Besten gab. Simba war in seinem Element: Aktion und viele Menschen um ihn herum, die ihm voller Bewunderung zuschauten.

Im nächsten Schritt wurden die Hindernisse des beweglichen Parcours in den Garten der Schmitz gestellt. Wie erwartet ließ Simba sich problemlos dazu bewegen, in Toris und Martys Garten seinen Parcours zu absolvieren. Die beiden Norwegerkater durften von innen zusehen, an der Seite von Petra und Werner, und erhielten als Belohnung Clicks und Leckerchen. So konnten sie Simba einmal ganz anders erleben, in harmlose Aktivität eingebunden, statt schreiend und aus ihrer Sicht provozierend vor der Tür Einlass zu begehren. Das gab ihnen Zeit und Ruhe, Simba ohne Furcht oder Stress zu beobachten und Sichtkontakt aufzunehmen. In den darauffolgenden Monaten arbeiteten wir daran, die drei Kater Schritt für Schritt zusammenzuführen.

Nach neun Monaten erhielt ich einen großen Blumengruß von Petra und Werner mit der Nachricht, dass Tori und Marty nicht mehr markierten. Die drei Kater konnten sich inzwischen ohne Theater gemeinsam im Garten aufhalten. Zum Abschluss der Beratung wurden Tori und Marty mit Mikrochips ausgestattet und eine Katzenklappe eingebaut, die sich nur für sie öffnete. Simba konnte nun nicht mehr ungebeten ins Haus kommen, und Tori und Marty hatten ihren Bereich ganz für sich. Simba muss am Anfang einige Male vor der Katzenklappe gestanden und um Einlass gebeten haben, doch im Lauf der Zeit gab er auf.

Dieser Fall bedeutete neun Monate lang harte Arbeit für alle Beteiligten, viele Coachingtermine und große Ausdauer. Doch die hat sich am Ende mehr als ausgezahlt. Diese Geschichte hätte auch ganz anders ausgehen können, wenn Familie Schmitz und ihre Nachbarn nicht bereit gewesen wären, so viel zu investieren.

Kratzekatzen

Katzen müssen kratzen. Was hat es mit dem für Menschen manchmal schwer verständlichen Bedürfnis auf sich? Kratzen ist für Katzen eine weitere Form des Markierens. Das ist keine Verhaltensauffälligkeit, sondern ein sinnvolles, natürliches Verhalten, unter anderem zur Absicherung des Territoriums. Das Kratzen hat zudem physiologische Funktionen. Die Katzen strecken dabei ihren gesamten Körper und streifen ihre alten Krallenhüllen ab. Eine Form der Maniküre, die die Krallen und damit ihre Funktionstüchtigkeit in perfekter Form erhält. Die wichtigste Aufgabe des Kratzens besteht darin, Nachrichten für andere Katzen zu hinterlassen und das Revier sichtbar zu markieren. Auch ein akustisches Element kann beim Kratzvorgang zum Tragen kommen. Das Kratzmarkieren hinterlässt Duftstoffe, die Informationen bergen, doch in erster Linie dient es als optisches Signal. Jede andere Katze, die daran vorbeiläuft, sieht, dass das Revier besetzt ist. An der Art, wie die Marke platziert wurde, kann die vorbeikommende Katze zudem noch einiges über den Revierinhaber erfahren. Viele Halter sind der Meinung, Katzen würden ihre Kratzspuren blindlings hinterlassen, aber dem ist nicht so. Unsere Samtpfoten bringen ihre Kratzbotschaften gezielt an bestimmten Punkten an. Strategisch wichtige Stellen werden bevorzugt, zum Beispiel im Eingangsbereich sowie dort, wo es Übergänge zwischen den verschiedenen Bereichen des Reviers gibt.

Häufig ignorieren Katzen ihre Kratzbäume oder andere von ihren Menschen angebotene Kratzmöglichkeiten, weil der Stoffbezug des Sofas, die Tapeten oder die Ledercouch viel leichter zu bearbeiten – sprich zu zerfetzen – sind. Viele der handelsüblichen Kratzbäume sind mit Materialien bespannt, die zunächst kaum Kratzspuren zeigen; an diesen Materialien muss die Katze schon sehr intensiv und lange kratzen, bevor sie einen Erfolg sieht, sprich, bevor ihre persönliche „künstlerische" Note sichtbar wird. Ein einziges Mal hingegen an der Tapete im Eingangsbereich gekratzt, und schon hängt alles weithin sichtbar in Fetzen herunter.

Mein Fall
Sybille Röder, Tim und Tom –
Eine völlig zerkratzte Wohnung

Sybille Röder und ihr Freund Kai, ein junges Paar aus Stuttgart, lebten mit den Katern Tim und Tom in einer Wohnung von siebzig Quadratmetern. Beide waren berufstätig, die Kater acht Stunden am Tag allein. Tim und Tom waren zweieinhalb Jahre alt, Sybille Röder hatte sie mit zwölf Wochen von einer privaten Katzenschutzorganisation vermittelt bekommen. Die hatte sie wiederum einer privaten Halterin, die sehr viele Tiere angesammelt hatte, abgenommen. Tim und Tom waren zusammen mit vielen anderen Katzen auf ihrem Dachboden mehr oder weniger sich selbst überlassen gewesen, bis die Schutzorganisation davon erfuhr und die Tiere herausholte.

Katzen als Opfer von Animal Hoarding

Das krankhafte Sammeln und Horten von Tieren, ohne diese ausreichend zu versorgen und ihnen gerecht werden zu können, wird Animal Hoarding genannt. Tierschützer sind zunehmend mit diesem Phänomen, das meist Frauen betrifft, konfrontiert.

Erste Untersuchungen zum Animal Hoarding stammen aus den USA. Aber auch in Deutschland ist dieses Phänomen immer häufiger anzutreffen. Die Tierärztin Dr. Tina Sperlin hat für ihre 2012 an der Tierärztlichen Hochschule Hannover vorgelegte Dissertation mehr als siebenhundert Fälle anhand von Fragebögen ausgewertet, unterstützt von Veterinärämtern, die ihre Beobachtungen zur Verfügung gestellt hatten. Nach diesen Studienergebnissen sammelten Animal Hoarder am häufigsten Katzen (in zweihundertfünfundfünfzig Fällen). Tina Sperlin beschreibt, dass die Tiere überwiegend keinen Freigang hatten, sie wurden in Volieren, Zwingern, Käfigen und in einem

Fall sogar angeleint gehalten. Die größte Anzahl an eingesperrten Katzen betrug in einem Fall sogar zweihundertsechs Tiere.

Die Mehrzahl der Tiere weisen Krankheiten, Verletzungen, Unterernährung und Verhaltensprobleme auf. Laut Sperlin ließ sich in über der Hälfte der Fälle ein Deprivationssyndrom diagnostizieren. Darunter versteht man negative Begleiterscheinungen, die durch Vorenthalten von Reizen und Zuwendung entstehen, wie beispielsweise Angst- und auch Aggressionsproblematiken, was wiederum die Chance verringert, die Tiere erfolgreich zu vermitteln. Außerdem erschwert es potenziellen neuen Haltern, so ein belastetes Tier erfolgreich in ihre Familie einzugliedern.

Tim und Tom hatten durch das beherzte Eingreifen der Tierschützer Glück im Unglück und fanden ein Zuhause bei Sybille Röder und ihrem Freund Kai. Die Katzen waren mit ihren zwölf Wochen sehr junge, verspielte, gleichzeitig aber auch sehr scheue Kater, vor allem Tim. Das ließ bei Tim auf eine mangelnde Sozialisation mit Menschen schließen. Tom dagegen hatte mit der Zeit den Körperkontakt zu Sybille und Kai schätzen gelernt und wurde immer schmusiger, ein Hinweis darauf, dass er zwar Vernachlässigung, aber vermutlich keine körperliche Gewalt erfahren hatte.

Das Paar liebte die beiden Kater, wäre nur nicht von Anfang an das hässliche Kratzproblem gewesen: Tim und Tom hinterließen gleich nach ihrem Einzug an fast allem, was „bekratzbar" war, ihre Spuren – Türen, Fensterrahmen, Ledersessel, Kommoden, Küchenstühle, Regale, Bilderrahmen, Tapeten und der Schrank mit dem Katzenfutter, nichts war vor ihren Krallen sicher.

Außerdem machte dem Paar noch ein anderes Problem Sorgen: Tim und Tom maunzten nachts lautstark vor der Schlafzimmertür und wollten eingelassen werden. Das nahm solche Ausmaße an, dass Sybille und Kai die beiden abends in das Wohnzimmer sperrten. Dort beschäftigten sich die Kater damit, Schubladen zu öffnen und zu durchstöbern und ausgiebig ihre Kratzspuren an Möbeln und Wänden zu hinterlassen.

Sybille Röder und ihr Freund hatten schon fast alles versucht, bevor sie mich zurate zogen: Sie hatten verschiedene Kratzbäume gekauft, Erziehungsmaßnahmen ausprobiert, beispielsweise den beiden durch ein lautes „Nein", Wegtragen und Wasserspritzen, die „Unart" abzugewöhnen, alles wie erwartet ohne Erfolg. Da das Paar schon bald heiraten, ein Haus kaufen und ihre Katzen, aber nicht deren „Kratzwut" mitnehmen wollten, mussten wir schnell eine Lösung für ihr Problem finden.

Kratzen als Reviersicherung

Tim und Tom hatten einen denkbar schlechten Start ins Leben. Sie waren verwahrlost und stark verunsichert, als sie zu Sybille und Kai kamen. Umso erstaunlicher war es, dass sie sich gut eingelebt hatten und Tom sogar das Schmusen mit seinen Menschen genoss. Das starke Kratzbedürfnis der Kater ließ jedoch darauf schließen, dass sie ihr Revier gegen potenzielle Mitkatzen absicherten. Ein Zeichen für ihre tiefe Verunsicherung, ein Gefühlszustand, der nicht unüblich für Katzen aus Animal-Hoarding-Haushalten ist. Es war also vor allem wichtig, ihr Vertrauen und Selbstbewusstsein zu stärken. Dazu gehörte auch, Tim und Tom nachts nicht mehr aus dem Schlafzimmer zu verbannen. Viele Katzen schätzen die Zeit, die sie nachts mit ihren Menschen verbringen können, ungemein. Wenn wir stillliegen, wirken wir gerade auf unsichere Katzen und solche, die zu wenig positiven Menschenkontakt in den ersten Lebenswochen hatten, weniger bedrohlich. Das gemeinsame Schlafen im Bett kann eine tiefe Verbindung und Vertrautheit schaffen. Durch das nächtliche Maunzen hatten die beiden eindeutig gezeigt, dass sie von ihren Menschen nicht getrennt sein wollten, aber auch, dass ihnen schlicht und ergreifend langweilig war. Waren Tim und Tom tagsüber schon allein und auf eine kleine Wohnung beschränkt, wurde ihr Revier nachts dadurch noch kleiner.

Die beiden jungen Kater waren also schlichtweg unterfordert und unausgelastet, aber voller Energie und suchten sich, wenn sie weggesperrt wurden, alternative Beschäftigungen, zum Beispiel Schränke öffnen und wildes Kratzen.

Sybille und Kai hatten zum Ausgleich und als Anreiz den Wohnbereich mit Kratzbäumen vollgestellt und sogar Kratzmatten an den Wänden befestigt, aber die beiden Kater hinterließen scheinbar wahllos überall ihre Kratzspuren. Doch beim näheren Hinsehen fiel eines auf: Besonders beliebte Kratzstellen waren Plätze an, gegenüber oder in der Nähe von Revierübergängen, also Wände, Türpfosten und Fenster. Für Tim und Tom ein natürliches Verhalten: An diesen Stellen könnten Artgenossen ein und aus gehen, es sind wichtige Revierpforten. Die Kater sprangen auch auf Schränke und Kommoden, streckten sich und kratzten von dort aus die Tapeten ab, und zwar an allen Stellen, die sie gerade noch erreichen konnten. Auch das machte in ihren Augen Sinn, denn Zweck ihrer Anstrengungen war, größer zu wirken, als sie in Wirklichkeit waren, um dadurch potenzielle Rivalen zu beeindrucken.

Wir mussten ihnen also Möglichkeiten schaffen, ihre Kratzspuren auffällig zu hinterlassen, und zwar an den richtigen Stellen. Dazu befestigten wir an den Revierübergängen schützende Kratzmatten aus Materialien, auf denen die Kratzspuren besonders auffällig ausfielen und die zudem für Katzen angenehm und gut zu bearbeiten waren: zum Beispiel Wollstoffe, Baumrinde oder Kork. Bei dem Wollstoff werden Fäden herausgezogen, beim Kork und der Rinde lösen sich durch das Kratzen kleine Partikel, die Oberfläche ist im Handumdrehen mit der Katersignatur versehen und obendrein spritzt es ordentlich. Das Kratzen wird zum Vergnügen und für jeden potenziellen

Rivalen eine weithin sichtbare Warnung. Durch geschickt platzierte Kratzbäume und -bretter schufen wir in der Wohnung verschiedene Ebenen, vergrößerten ihr Revier sozusagen mit Rückzugsmöglichkeiten, Liegeplätzen und Aussichtsplattformen. Wir entwarfen ein intensives Spiel- und Beschäftigungsprogramm mit Clickerübungen, um sie speziell abends mental zu beschäftigen und auszupowern; und die Kater erhielten nicht zuletzt Zutritt zum Schlafbereich. Wie schnell die Maßnahmen griffen, versetzte mich in Erstaunen. Tim und Tom liebten ihre neuen Kratzofferten und kratzten schon bald nur noch an diesen Stellen, alle anderen Kratzmöglichkeiten in der Wohnung wurden uninteressant.

Tabuzonen für Wohnungskatzen

Ich bin der Meinung, dass Wohnungskatzen, die ohnehin unter vielen Einschränkungen leben, möglichst viel Raum und unterschiedliche Plätze zur Verfügung haben sollten und mit (für die Katze!) spannenden Aktivitäten gefördert werden müssen. Letzteres natürlich nur, wenn die Katze es möchte und akzeptiert. Es gibt auch Katzen, die viel Zeit und Ruhe für ihr seelisches Gleichgewicht benötigen, das gilt es zu respektieren. Welche Aktivität eine Katze letztendlich annimmt, ist ihre freie Entscheidung. Außerdem halte ich es nicht für besonders fair, reinen Wohnungskatzen zusätzlich Tabuzonen ohne triftigen Grund zuzumuten, es sei denn, ich stelle ihnen stattdessen alternative Plätze zur Verfügung, die ihren Bewegungsraum vergrößern.

Wenn man beispielsweise nicht möchte, dass die Katze beim Essenzubereiten auf die Anrichte springt, sollte man ihr einen anderen, ebenfalls erhöhten Platz anbieten, von dem aus sie das Geschehen verfolgen kann. Katzen sind kleine, neugierige Tiere und lieben es, in Augenhöhe mit den Menschen zu sein, damit sie alles beobachten können. Es gibt Katzen, die möchten im Bad beim abendlichen

Zähneputzen dabei sein und springen ins Waschbecken, wo speziell Freigänger kleine dreckige Pfotenspuren hinterlassen – eine Aussichtsplattform ermöglicht ihnen das Zuschauen bei der „Fellpflege" ihres menschlichen Partners und das Wegscheuchen hat sein Ende. Tabuzonen müssen nicht sein (außer da, wo es überlebenswichtig ist) – es finden sich immer kreative Lösungen für ein entspanntes Miteinander. Freuen Sie sich über das Interesse Ihrer Katze.

Mein Fall
Sebastian und Luigi –
Luigi, die Spürnase

Ein anderer Fall erinnerte mich stark an Tim und Tom, nur dass diesmal (scheinbar) ein einziger Kater der Verursacher des Problems war. Als ich die ehemalige Ladenwohnung in Hamburg zum ersten Mal betrat, bot sich mir ein erstaunliches Bild: Die Tapeten im langen Wohnungsflur waren großflächig zerkratzt und hingen in Fetzen herunter. Im Badezimmer sah es nicht viel besser aus. Bei näherem Hinsehen war der Fall jedoch ganz anders: Der vierjährige Abessinierkater Luigi hatte die Wände in der riesigen Parterrewohnung zwar großflächig zerkratzt, aber die Kratzspuren nahmen zu, je näher wir einer Tür im hinteren Bereich des Flurs kamen. Diese Tür führte, wie ich lernte, in ein Kellergeschoss, das zur Wohnung gehörte und das Luigis Halter Sebastian, ein freischaffender Künstler, als Atelier für seine Skulpturen nutzte.

Als ich die Wohnung betrat, fiel mir ein muffiger Geruch auf, der sich verstärkte, je näher ich der Kellertür kam. Auch im danebenliegenden Bad fiel mir derselbe modrige Geruch sowie schwarze Flecken auf. Ich bat Sebastian, mir das Untergeschoss des Hauses zu zeigen, und mir blieb beinah die Luft weg: Schimmel! Luigi hatte in seiner Not überall dort gekratzt, wo der Schimmelgeruch für ihn besonders stark wahrnehmbar war. Sebastian dagegen hatte sich mit der Zeit derart an den Geruch gewöhnt, dass er ihm trotz sichtbarer Flecken gar nicht mehr aufgefallen war. Nicht der Kater war das Problem, sondern die Schimmelpilze in der Wohnung. Sebastian konnte seinem Kater Luigi dankbar sein, da dieser ihn auf das gesundheitsgefährdende Problem erst aufmerksam gemacht und erstaunlicherweise die besonders beeinträchtigten Flächen markiert hatte. Katzen mögen keine modrigen Gerüche, wie sie bei Schimmelbefall entstehen. Wahrscheinlich spüren sie instinktiv, dass Schimmelpilzbefall schädlich ist. Einer Untersuchung der Arbeitsgruppe Raumklimatologie der Uniklinik Jena zufolge ist fast jeder zehnte Haushalt in Deutschland betroffen.

Schimmelalarm aus dem Keller: Ein Baubiologe muss her

Nicht der vierjährige Abessinierkater Luigi war hier das Problem, wie wir durch Experten bald feststellen ließen, sondern eine Wohnung mit Schimmelbefall. Luigi brauchte keine Therapie, aber Sebastian holte sich schnellstens Hilfe durch einen Baubiologen, der die Ursache herausfinden sollte. Was mich allerdings erstaunte, war, dass Luigi durch Kratzen markierte und nicht mit Harn. Das wäre die aus Katzensicht wirksamere Variante gewesen, um den heftigen Schimmelgeruch zu überdecken. Aber das blieb Luigis Sache.

Wir konnten den Kater allerdings nicht in der Wohnung belassen, während diese komplett saniert werden sollte. Eine katzenliebe Freundin von Sebastian war schnell bereit, Luigi vorübergehend bei sich aufzunehmen, natürlich nur unter der Prämisse, dass er nicht auch noch ihre Wohnung zerkratzte.

Ich schaute mir ihr Zuhause vor dem geplanten Umzug an und bat den Bildhauer Sebastian, vorsorglich mehrere geeignete Kratzmöbel für Luigi anzufertigen.

Pheromone gegen Stress

Um die Eingewöhnung in die neue Übergangswohnung zu erleichtern, benutzten wir Pheromonstecker für die Steckdose. Die im Handel erhältlichen Flakons mit künstlich hergestellten Pheromonen werden in die Steckdose gesteckt, sodass die Geruchsbotenstoffe im Raum durch einen Verdunstungsprozess freigesetzt werden. Diese Botenstoffe können dazu beitragen, stressige Situationen für Katzen abzumildern, aber leider sprechen nicht alle Tiere auf das nicht ganz billige synthetische Gemisch an. Zusätzlich erhielt Luigi von mir Bachblüten gegen den durch den Umzug und die Trennung von Sebastian verursachten Stress.

Mir war zudem wichtig, dass Luigi viel frische Luft bekam, und Sebastians Freundin ließ sich glücklicherweise dazu überreden, ihren Balkon für den schimmelgeplagten Kater mit einem Katzennetz fachgerecht abzusichern.

Die Sanierung von Sebastians Wohnung gestaltete sich schwierig, auch deshalb, weil der Hauseigentümer die Kosten für die umfangreichen Maßnahmen nicht tragen wollte. Sebastian entschied sich gegen einen langwierigen Rechtsstreit mit seinem Vermieter und für einen Umzug. Da Luigi bei seinem Interimsfrauchen Christiane inzwischen den Balkon sehr zu schätzen gelernt hatte, suchte Sebastian eine Wohnung mit Balkon. Dass Sebastian dann schließlich alles richtig gemacht hatte, zeigte ihm sein Kater Luigi dadurch, dass er in seinem neuen Zuhause ausschließlich an den für ihn gefertigten Kratzmöbeln kratzte. Ein glücklicher Ausgang für Sebastian und seinen kleinen kätzischen Gesundheitsexperten.

🐈 Aggressive Katzen

Das Schicksal der als aggressiv eingestuften Katzen liegt mir sehr am Herzen, denn sie werden am häufigsten missverstanden. Etliche dieser Tiere werden ausgesetzt oder eingeschläfert, anstatt ihnen und ihren Haltern verhaltenstherapeutisch zu helfen. Es macht mich jedes Mal sehr traurig, wenn Katzen aufgrund von menschlichem Fehlverhalten ihr Leben lassen müssen. Es ist nicht selten, dass ich E-Mails wie diese erhalte, in der eine Halterin mir schrieb, dass ihr jetzt neun Monate alter Kater, eine Handaufzucht, aggressiv sei. Er springe ihr regelmäßig ins Gesicht. Sie wisse sich nicht mehr zu helfen und überlege, ihn laufen oder einschläfern zu lassen. Eine Zuschauerin mailte mir nach einer meiner Fernsehsendungen, dass sie gerade ihre anderthalbjährige Abessinierkatze hatte einschläfern lassen. Nachdem eine Verwandte sie während der Abwesenheit der Familie betreute, sei sie aggressiv geworden. Meine Mitarbeiter und ich waren sehr bestürzt über diese Entscheidung. Wir vermuteten stark, dass etwas Konkretes in der Abwesenheit der Familie vorgefallen sein musste und die Aggression der Katze eine Reaktion auf eine negative, gegebenenfalls schmerzhafte Erfahrung war. Das Problem hätte man zweifelsohne mit einem systematisch angepassten Training für Katze und Mensch wieder aus der Welt schaffen können.

Gerade aggressive Katzen werden sehr abgelehnt und in ihrer Not allein gelassen. Katzen, die schreien, kratzen und beißen, werden meist missverstanden und der Druck der Umwelt auf ihre Halter ist nicht zu unterschätzen. Oft wird ihnen nahegelegt, diese Katzen dem Tierheim zu übergeben oder töten zu lassen. Wer sichtbare Kratzspuren trägt, hört nicht selten: „Was willst du mit so einem Viech zu Hause? Das Tier muss weg!"

Katzen polarisieren, was sicherlich auch damit zusammenhängt, dass uns die domestizierte Katze ein Widerspruch in sich zu sein scheint. Auf der einen Seite verkörpert und lebt sie viele Eigenschaften, die sie mit ihren wild lebenden Verwandten, den sechsunddreißig Groß- und Kleinkatzenarten, teilt. Wenn sie draußen durch ihr Revier streift, ist sie der effiziente, allein jagende Beutegreifer. In unseren Wohnstuben hingegen passt sie sich an ein artfremdes Leben an: Sie führt quasi ein Doppelleben, unterteilt in ein wildes Leben draußen und ein weitgehend angepasstes drinnen. Der bekannte britische Zoologe Dr. Desmond Morris verglich diese Lebenshaltung mit unserer Trennung von Privat- und Arbeitsleben, im Haus das Vergnügen und draußen die Arbeit, die in ihrem Fall unter anderem aus Revierkontrolle, Markieren, Jagen, Kommunikation mit anderen Katzen besteht. Im Vergleich zu uns natürlich mit dem Unterschied, dass Katzen meistens lieber draußen ihren Tätigkeiten nachgehen als wir unserer Arbeit.

Aggressivität gehört zum Katzenleben

Aggression stammt vom lateinischen Verb aggressio ab, das „herangehen", „etwas in Angriff nehmen", „sich friedlich als auch feindlich zu nähern" oder „angreifen" bedeuten kann. Die Grundbedeutung des lateinischen Begriffs ist wertfrei. Heute wird Aggression jedoch wesentlich enger gefasst, ist meist negativ besetzt und reduziert sich in der Wahrnehmung auf Verhalten, das mit der Absicht ausgeführt wird, jemanden zu verletzen oder zu schädigen. Diese enge Auslegung des Begriffs ist in Bezug auf das Verständnis von Katzen nicht sinnvoll. Wenn ich im Folgenden von Aggressivität spreche, macht es Sinn, jede zielgerichtete Aktivität als aggressiv einzustufen.

Aggressive Katzen erinnern uns an das ureigene Wesen der Felidae, die eine Familie aus der Ordnung der Raubtiere (Carnivora) sind. Katzen sind nicht dazu geboren, um auf unserer Couch ihr Leben zu verdösen und immer, wenn wir es wollen, mit uns zu schmusen. Jede gesunde Katze muss ein bestimmtes Aggressionspotenzial haben, um sich und ihren Nachwuchs zu verteidigen, Ressourcen zu gewinnen und zu sichern sowie gefährlichen Situationen angemessen zu begegnen. Aggressives Verhalten wird innerartlich, aber auch artübergreifend ausgelebt. Das ist ganz normal und auch Wohnungskatzen zeigen dieses Verhalten.

Manche Halter wollen diese Seite ihres Tieres am liebsten ausblenden und Katzen zu reinen Kuscheltieren umdefinieren. Auf der anderen Seite gibt es Katzengegner, die die Tiere gerade deswegen ablehnen und verfolgen.

Beide Sichtweisen verwehren den vernünftigen und angemessenen Blick auf die Aggression als artgemäßes Verhalten.

Es gibt auch Katzenhasser

Ja, es gibt tatsächlich Menschen, die Katzen hassen, sie sehen die Katze als Raubtier, das zum Spaß tötet, als „Killer mit Kulleraugen", wie die reißerische Headline eines Artikels über Katzen in einem bekannten deutschen Magazin hieß. Einige Jäger sehen Katzen als Räuber und Konkurrenten, die abgeschossen werden müssen. Auch ich liebe

Vögel und möchte ihre Bestände schützen, aber einige Vogelliebhaber sprechen von „katzenverseuchten Gebieten" und möchten ihren Nachbarn am liebsten die Haltung von Freigängerkatzen verbieten.

Ich werde nie die schockierenden Worte einer Zuschauerin vergessen, die während einer Livesendung von „Doc und Co" anrief und ungerührt berichtete, dass ihr Hund gestern vor ihren Augen und unter ihren aufmunternden Zurufen die Katze einer Dorfbewohnerin in Stücke gerissen habe, denn „nur tote Katzen seien gute Katzen". Sie erzählte, dass sie, um Streit mit der Halterin zu vermeiden, die tote Katze vor ihr Auto legte und mehrmals über den Körper fuhr, damit die ahnungslose Frau dachte, ihre Katze wäre Opfer eines Verkehrsunfalls geworden. Sie erzählte uns, der ortsansässige Jäger habe ihr dazu geraten, man wolle ja schließlich keinen unnötigen Streit im Dorf wegen einer Katze. Wir waren fassungslos. Ihr Bekenntnis führte zu einer spontanen Themaänderung der Sendung, denn wir erhielten in kürzester Zeit eine Flut von Anrufen und E-Mails von anderen Zuschauern, die über ihre traurigen und verstörenden Erfahrungen mit Katzenhassern berichteten.

Freigänger sind vielen Menschen ein Dorn im Auge und werden nicht selten Opfer von Katzenhassern. Dabei liegt das Problem beim Menschen, denn wir sind verantwortlich für die vielen obdachlosen Katzen, die sich selbst überlassen, nicht kastriert, oft krank, auf der Straße leben, sei es in der Stadt oder auf dem Dorf. Es werden immer mehr Jungtiere in eine ihnen feindlich gesinnte Welt geboren. Viele Halter sparen sich die Kosten für eine Kastration, auch weil sich immer noch der Irrglaube hält, Katzen müssten einmal geworfen haben. Es ist extrem schwierig, Abnehmer für die vielen Katzenwelpen zu finden. Ganz zu schweigen von dem traurigen Kreislauf – Haushalt, Straße, Tierheim, Haushalt, Straße –, den Tiere durchlaufen, die aus fragwürdigen privaten Vermehrungspaarungen stammen, dann verschenkt, verkauft, ausgesetzt und aufgegriffen werden.

„Petting and Biting"-Syndrom bei Katzen

Aggressive Katzen sind keine hoffnungslosen Fälle, im Gegenteil, ich habe die Erfahrung gemacht, dass man mit Geduld, Einfühlungsvermögen und systematischem Training viel erreichen kann. Ich arbeite sehr gern mit ihnen und kann ihr Verhalten in vielen Situationen sehr gut nachvollziehen, zum Beispiel, wenn ihnen sozusagen „der Kragen platzt", weil ihr Mensch ihre Signale nicht verstehen will. Eine der am häufigsten beklagten Formen der Aggression ist das sogenannte „Petting and Biting"-Syndrom. Dabei scheint das Verhalten der Katze von einem Moment zum anderen umzuschlagen. Schaut man genauer hin, passiert Folgendes: Der Mensch streichelt oftmals den Bauch des Tieres oder andere sensible Körperregionen wie die Hinterbeine oder in der Nähe der Geschlechtsorgane. Die Katze lässt sich das gefallen, bis sie sich scheinbar plötzlich zum Menschen dreht, ihn anfaucht, kratzt, beißt oder schlägt. Die Reaktion des zerkratzten Halters reicht von Erstaunen über Unverständnis oder Ratlosigkeit bis hin zu Wut: „Das blöde Mistvieh, erst schmusen, dann beißen!"

Was ist schiefgelaufen?

Tatsächlich hat die Katze dem Menschen längst auf ihre Weise unmissverständlich signalisiert, dass ihr das Streicheln zu viel oder unangenehm geworden ist. Lange bevor sie kratzt, beißt oder faucht, hat sie durch subtilere Signale klar gezeigt, dass sie nicht mehr gestreichelt werden möchte. Viele Katzen haben jedoch die Erfahrung gemacht, dass Menschen meistens deutlichere Signale brauchen als Artgenossen, daher die – von unserer Warte aus betrachtet – sehr heftige Reaktion, die aus Katzensicht hingegen eine logische Konsequenz unserer mangelnden Lernbereitschaft und in diesem Moment unseres mangelnden Einfühlungsvermögens ist.

Die Tierkommunikation, das Einfühlen in das Tier, ist bei dieser Form der irritativen Aggression die beste Methode, um Missverständnisse zu vermeiden.

Die Signale der Katze verstehen lernen

Den ersten Schritt muss der Mensch machen: Wenn wir die Signale der Katze nicht lesen lernen, müssen wir uns über Missverständnisse nicht wundern. Wogegen sich eine sogenannte aggressive Katze wehrt, gilt es zu verstehen, um ihr helfen zu können. Dazu bedarf es der Empathie aufseiten des Menschen. Empathie bedeutet, mich in mein Gegenüber einzufühlen und seine Gefühle, Absichten und Emotionen zu verstehen. Viele Menschen verlassen sich darauf, dass die Katze ihnen durch eine deutliche Körpersprache, aber nicht aggressive Reaktion, mitteilen wird, wann sie zum Beispiel mit ihrem Menschen genug gekuschelt hat. Dabei geben Katzen oft ganz subtile Signale: Vielleicht schlägt nur ein wenig der Schwanz, die Körperspannung erhöht sich, sie wenden den Kopf ab, oder die Ohren gehen hin und her oder das Fell zuckt. Viele Menschen übersehen diese Zeichen oder nehmen sie nicht ernst und reagieren folglich nicht darauf. Hier handelt der Mensch aus Katzenperspektive übergriffig, und die Katze weiß sich nicht anders zu helfen als mit einem überdeutlichen NEIN, das wir dann als Aggression einstufen. Durch derlei Missverständnisse oder Unaufmerksamkeiten kann leicht eine atmosphärische Störung, unter Umständen sogar ein schwerwiegender Konflikt zwischen Mensch und Tier entstehen. Deshalb ist es für mich genau wie für jeden Halter so essenziell, zu erkennen und zu verstehen, was in meiner Katze vorgeht. Es ist zunächst wichtig, dass ich selbst innerlich und äußerlich zur Ruhe komme und meine Gefühle erspüre. Erst wenn ich wahrnehme, was in mir vorgeht, kann ich verstehen, ob die Berührung für meine Katze angenehm oder unangenehm ist oder ob sie beispielsweise auf meine momentane Anspannung reagiert und deswegen nicht weiter gestreichelt werden möchte. Auch das ist ein ganz wichtiger Aspekt: Nur wenn ich fähig bin, meine eigene Stimmung klar wahrzunehmen, kann ich meine Gestimmtheit von der Gemütslage meiner Katze trennen, ich werde also meine Emotionen nicht als die des Tieres deuten. In meinen Tierkommunikationskursen lernen die Teilnehmerinnen und Teilnehmer zu entspannen, innerlich und äußerlich ruhig zu werden, das mentale „Geplapper" – den Bahnhof im Kopf – abzustellen und genau in sich hineinzufühlen – eine der schwierigsten Übungen. Nur wenn ich mir meiner selbst bewusst bin und die Auswirkungen meiner Ausstrahlung auf das Tier bewusst spüre, kann ich mich auf die Ebene der Katze begeben. Dann kann ich versuchen, sie als das wahrzunehmen, was sie ist, und nicht als Projektionsfläche meiner eigenen Wünsche und Bedürfnisse. Wenn ich nur mit mir selbst beschäftigt bin, kann ich nicht gleichzeitig mit meinem tierischen Gegenüber beschäftigt sein. Wenn ich abgelenkt bin, spüre ich nicht, ob die Katze gestreichelt werden möchte oder nicht. Manchmal ist es eine gute Übung, die Hände von der Katze zu lassen, sich einfach nur neben sie zu setzen und sich einzuspüren: Was nehme ich wahr, was empfinde ich und wie fühlt sich meine Katze in der jetzigen Situation?

Der Katze zuhören

Wenn wir unseren Katzen wirklich begegnen wollen, hilft es, den Geist zur Ruhe zu bringen; den Geist zu leeren ist der Inbegriff von Yoga und Meditation. Es ist wenig ratsam, mit seiner Katze trainieren zu wollen, wenn wir gestresst sind, abgelenkt oder verärgert. Ein Training mit Katzen ist nur wirksam aus einem Gefühl der Ruhe und Gelassenheit heraus. Wir haben glücklicherweise die Fähigkeit, diese Ruhe in uns herzustellen. Die bekannte Hirnforscherin Prof. Dr. Tanja Singer führt am Max-Planck-Institut eine Langzeitstudie durch, ein Forschungsprojekt unter anderem mit buddhistischen Mönchen, und untersucht, wie man Empathie im Alltag erlernen und trainieren kann, also die Fähigkeit, sich in unsere Mitmenschen hineinzufühlen. Die gleiche Art des empathischen Einfühlens ist mit unseren tierischen Gefährten erlebbar, wir können uns in sie hineinversetzen und Gefühle mit ihnen teilen.

Mensch und Tier profitieren in ungeahnter Weise, wenn der Mensch sich auf den Weg macht und mit seiner Katze neue Formen des Miteinanders erprobt. Das müssen nicht immer weltbewegende Aktivitäten sein. Manchmal genügt es, ganz still herauszufinden, wer mein kätzischer Partner ist. Das erfahre ich nicht, wenn ich immer aktiv bin, sondern vielmehr, wenn ich ruhig werde und einfach lausche, wenn ich meiner Katze aufmerksam zuhöre.

Angstaggression

Viele Formen der Aggression bei Katzen basieren auf Angst, nicht anders als bei Menschen, auch wir reagieren nach dem Motto: „Angriff ist die beste Verteidigung". Aggression bei Katzen ist allerdings kein Ausdruck von Böswilligkeit. Die Katze will sich schützen, in ihrer Not reagiert sie aggressiv.

Aggressivität kann auch aus einer Verteidigungssituation heraus resultieren. Es ist wichtig zu beachten, dass Katzen als physisch kleine und leichte Tiere selbst zur Beute werden können und genug defensive Aggressivität brauchen, um sich zur Wehr setzen zu können. Eine jüngere Studie zweier US-amerikanischer Universitäten ergab, dass in Tucson (Arizona) zweiundvierzig Prozent der durch Kojoten erbeuteten Tiere Hauskatzen waren.

Angstaggressives Verhalten bei Katzen in den Griff zu bekommen ist ein langwieriger und schwieriger Prozess, abhängig davon, wie tief dieses Reaktionsmuster in dem Tier verankert ist. Es ist von zentraler Bedeutung, im ersten Schritt zu analysieren, was der Katze Angst bereitet und, wenn möglich, wie es dazu gekommen ist. Im nächsten Schritt muss man sie darin unterstützen, auf die angstauslösende Situationen immer weniger ängstlich zu reagieren, und ihr helfen, angemessene sozialkompatible Verhaltensweisen zu entwickeln. Dazu bedarf es einer behutsamen, langsamen und geduldigen Vorgehensweise, und immer müssen Rückschlägen einkalkuliert werden. Zu hohe Erwartungen führen schnell zu einer Überforderung des Tieres. Veränderungen im Sozialverhalten geschehen sehr langsam, es ist wie bei einem Kind, das lernen soll, über seine Wut zu reden und nicht zuzuschlagen. Katzenverhaltensberater sowie Halter können in diesem Prozess viel über sich selbst erfahren – vielleicht vor allem, wie Kommunikation gewaltfrei zu erlernen und zu leben ist. Eine wichtige Unterstützung für angstaggressive Katzen ist zudem, ihnen sichere Rückzugsorte einzurichten und die Katze in ihrem Schutzraum unter keinen Umständen zu behelligen.

Katzen reagieren häufig auch aufgrund von Überforderung durch zu viele neue Reize aggressiv. Solche Katzen sollte man immer ganz langsam mit neuen Reizen vertraut machen – zum Beispiel, wenn Besuch kommt –, bis diese Reize nicht mehr angstauslösend sind. Katzenhalter sollten sich dabei stets verdeutlichen, dass sie selbst in der Regel durch ihr Verhalten oder ihre Lebensumstände Teil des angstauslösenden Problems und damit auch Teil der Lösung sind. Hier ist Geduld gefragt.

Schmerzen können Aggressionen auslösen
Auch Schmerzen und körperliche Probleme wie schlechte Verdauung oder Juckreiz können Auslöser für Aggressionen sein. Katzen sind sehr geschickt darin, ihre Schmerzen zu verstecken, was es dem Halter zuweilen schwer macht, diese zu erkennen. Dieses Verhalten

ist tief in ihrem Wesen verankert, da Katzen als territoriale Tiere ihren Artgenossen und potenziellen Konkurrenten gegenüber keine Schwäche zeigen dürfen, da ihnen andernfalls ihr Revier streitig gemacht werden könnte. Meiner Erfahrung nach können unbehandelte Schmerzen auch der Grund für Probleme unter Katzen sein, da sich schmerzgeplagte Tiere unter Umständen von anderen Tieren im Mehrkatzenhaushalt bedroht fühlen.

Mein Fall
Melanie Hausmann und Henry – Henry und der nackte Mann im Badezimmer

Kater Henry, den ich als stattlichen getigerten Europäisch-Kurzhaar-Kater kennenlernte, war als junger Kater vor einem Tierheim in einem Pappkarton aufgefunden worden. Man wusste nichts über sein früheres Leben, auch nicht, warum er ausgesetzt worden war. Über Henrys Vorgeschichte ließ sich lediglich mutmaßen. Sicher war nur, dass Henry als ausgesetztes Tier eine schwere Hypothek zu tragen hatte, oft steckt hinter diesem Schicksal ein ganz eigenes Trauma. Henry wurde auf fünf Jahre geschätzt und verbrachte einige Monate im Tierheim, bevor Melanie Hausmann ihn zu sich nahm. Im Tierheim galt der Kater als unauffällig und ängstlich, und so war es nicht überraschend, dass Henry sich in seinem neuen Zuhause anfangs auch äußerst scheu verhielt und sich sogar wochenlang hinter dem Sofa versteckte. Melanie hörte ihn nur nachts, wenn er sich hinaustraute, um sein neues Heim zu erkunden. Es dauerte eine ganze Weile, bis sich Henry schließlich auch tagsüber aus seiner Deckung wagte. Als Melanie eines Tages von Kopfschmerzen geplagt früher von der Arbeit heimkam als sonst, stand Henry im Flur und starrte sie mit weit aufgerissenen Augen und riesigen Pupillen an. Seine innere

Katzenuhr signalisierte ihm, dass die Zeit für Frauchens Heimkehr eigentlich noch nicht da war, dennoch flüchtete er nicht.

Seit diesem Vorfall überwand Henry langsam seine Scheu und wagte sich schließlich bis in Melanies Schlafzimmer vor. Zuerst schlief er noch auf einem Stapel dreckiger Wäsche vor dem Bett, schließlich schlief er sogar an Melanies Kopfende. Er begann zudem ganz langsam, Körperkontakt zuzulassen, ließ sich von Melanie sogar streicheln und fand Gefallen an dieser bisher offensichtlich ungewohnten Form der Zuneigung. Nach etwa einem Jahr fing Henry an, gemeinsam mit Melanie zu spielen. Das Eis schien gebrochen zu sein und Melanie war glücklich.

Nur wenn Melanies neuer Freund Stefan zu Besuch kam, hielt sich Henry weiterhin skeptisch und distanziert im Hintergrund. Gemeinsam recherchierten Melanie und Stefan, welche Maßnahmen helfen würden, um den Kater auch an Stefan zu gewöhnen. Sie befolgten den Rat, dass Stefan von nun an den Kater füttern sollte, damit Henry Melanies neuen Freund mit Leckerchen und Futter assoziierte und ihn so positiv erlebte.

Schwierig wurde es, als Stefan in die Wohnung und somit in das Revier des Katers einzog. Henry reagierte gestresst, er fauchte wahllos alles und jeden in der Wohnung an, patrouillierte gehetzt auf und ab oder versteckte sich. Dieses Verhalten änderte sich tagelang nicht. Henry war verstört, die Veränderungen setzten ihm schwer zu und bedrohten seine neu gewonnene Sicherheit.

Nach einigen anstrengenden Monaten für alle beruhigte sich die Situation, Henry schien sich mit Stefan zu arrangieren, auch wenn er ihm offensichtlich aus dem Weg ging. Auch Stefan blieb Henry gegenüber distanziert, aber es schien ein Weg gefunden zu sein, wie alle miteinander auskamen. Bis zu jenem verhängnisvollen Abend, an dem Melanie mit ihren Freundinnen ausging und Stefan seine Sportkumpel einlud. Man hatte Spaß in der Männerrunde, trank und scherzte, es wurde immer lauter. Henry versteckte sich, da ihm jede andere Rückzugsmöglichkeit versperrt blieb, im Badezimmer – hinter einem großen Stapel von Handtüchern im Regal.

Angriff ist die beste Verteidigung

Es kam, wie es kommen musste: Einer der mittlerweile angetrunkenen Freunde betrat polternd das Badezimmer und ging laut pfeifend unter die Dusche. Um sich abzutrocknen griff er beherzt nach einem Handtuch. Henry, der sich durch den Griff ins Regal bedroht fühlte, sprang dem jungen Mann ohne Vorwarnung ins Gesicht und brachte den nackten Mann zu Fall. Zunächst perplex, dann doch lautstark, schrie der hüllenlose Sportkumpel auf Henry ein, der in seiner Angst die nackten Beine des Mannes attackierte. Das lockte den Rest der Sportkameraden an, die sich durch die Tür drängten und hektisch durcheinanderbrüllten.

Die aufgeregten Männer schnitten Henrys einzigen Fluchtweg ab und versuchten, das Tier, das sich panisch zu Wehr setzte, einzufangen. Schließlich bekam Stefan Henry, der immer noch nicht von dem „Nudisten" ablassen wollte, im Nacken zu fassen und drückte ihn gewaltsam auf den Boden. Henry wehrte sich nach Leibeskräften und fügte beißend und kratzend auch Stefan schmerzhafte Verletzungen zu, bevor er aus dem Badezimmer flüchten konnte. Als ich Stefan später fragte, warum er den Kater gewaltsam habe festhalten wollen, war seine Antwort, dass man das doch bei Hunden auch so mache. Heute ist das meines Wissens in modernen Hundeschulen allerdings nicht mehr der Fall, hier hat ein Umdenken eingesetzt, auch in der Hundeszene arbeitet man inzwischen mit gewaltfreien Methoden.

Der Vorfall führte zu einer unhaltbaren Situation: Henry beobachtete und verfolgte Stefan in der Wohnung auf Schritt und Tritt und ging immer wieder in Angriffsposition. Stefan dagegen war permanent auf der Hut und wehrte den Kater mit allen Mitteln ab. Schließlich trug er eine Wasserpistole bei sich, schrie oder warf mit einem Kissen nach Henry, wenn er beispielsweise durch ein Zimmer laufen wollte, in dem das „Psychovieh", wie er den Kater bezeichnete, bereits saß und ihm auflauerte. Das Verhältnis zu Melanie wurde dadurch derart belastet, dass Stefan sie vor die Wahl stellte: er oder der Kater. Die Fronten waren verhärtet. In dieser dramatischen Situation wurde ich konsultiert.

Der Stärkere gibt nach

Es war nicht ganz einfach, Stefan begreiflich zu machen, dass der Verlauf seines Männerabends für den Kater ausgesprochen traumatisierend gewesen sein musste. Er verstand nicht, dass die Eskalation im Badezimmer Henry in Todesangst versetzt hatte. Nur langsam begriff er, dass sich Henry einer Übermacht von lauten, fremd riechenden und übergriffig handelnden Menschen ausgeliefert gefühlt haben musste. Alles Menschen, wie Stefan selbst, die keine Erfahrung im Umgang mit verängstigten Katzen hatten, instinktiv falsch reagierten und Henry erst in den Angriff trieben. Für Stefan war das Schwierigste die Einsicht, dass er selbst nicht der Angegriffene war, der jetzt dem Kater gegenüber sein Recht verteidigen musste, sich in der Wohnung aufzuhalten. Stefan blieb zunächst angespannt und bewegte sich durch die Wohnung immer in der Angst, wieder die scharfen Krallen von Henry zu spüren. Er war deshalb jederzeit bereit, sich kräftig zu verteidigen. Es war also wichtig, dass Stefan zunächst einmal einsah, dass seine Konfrontationshaltung, nach dem Motto: „Wie du mir, so ich dir", die Situation zwischen ihm und Henry nur verschlechterte. Es war ihm nicht gleich einsichtig, dass das Verhalten des Katers nur sein eigenes Verhalten spiegelte, und er musste erst einmal begreifen, dass Henry ihn nicht aufgrund seines

Wesens ablehnte, sondern weil er dem Tier einfach Angst machte. Nach langer intensiver Überzeugungsarbeit war Melanies Freund bereit, sich auf eine gemeinsame Arbeit mit dem Kater einzulassen, zumal auch Melanie nachdrücklich von ihm erwartete, dass er sich mit dem Kater arrangierte. Schließlich stimmte Stefan meinem vorgeschlagenen Therapieplan zu.

Auf leisen Pfoten treten – Stefan lernt katzengerechten Umgang
Stefan besuchte mich in meiner Praxis, hier führte ich ihn in die Grundlagen des Clickertrainings ein und wies ihn auf katzengerechtes Verhalten hin. Ich zeigte ihm, wie man sich, insbesondere ängstlichen und angstaggressiven, Katzen nähert, unter anderem mit vorsichtigen Bewegungen und leiser Stimme, und wie man auf konstruktive Weise mit ihnen Kontakt aufnimmt. Stefan musste erst einmal das Abc im Umgang mit Katzen lernen, wie mir schien. Dazu gehörte auch, dass er sich seines dominanten Verhaltens bewusst wurde und seine unterschwellige Bereitschaft, jederzeit auf Konfrontation zu gehen, anerkannte.

Mein Kater Matisse ist aufgrund seiner Vorgeschichte bei manchen Menschen eher aggressionsbereit; er spürt beispielsweise sofort, wenn jemand über eine geringe Aggressionstoleranz verfügt (wenn das Ertragen von aggressivem Verhalten offenkundig oder unterschwellig sehr gering ist). Matisse ist wie alle Katzen sehr sensibel, wenn mit der Energie ihres Gegenübers etwas nicht stimmt. Ich merkte sehr schnell, dass auch mein Kater von Stefan sichtlich irritiert war und ihm aus dem Weg ging.

Dann brachte ich Stefan mit meinem Kater Marvin zusammen, einem wahren Charmeur, der jeden um den Finger wickelt, sogar noch erklärte Katzengegner. Marvin hat mittlerweile eigene Fans, die ihm, wenn sie zu meinen Kursen kommen, die leckersten Geschenke mitbringen. Auch hier verfehlte sein Charme seine Wirkung nicht: Marvin sprang dem verblüfften Stefan ohne Vorwarnung auf den Schoß, streckte sich und wartete aufs Kraulen, das Stefan dann auch nach anfänglichem Zögern pflichtbewusst tat. Chapeau! Marvin ist nun mal der perfekte Therapeut. Auch der leicht überrumpelte Stefan genoss diesen Kontakt sichtlich und entspannte in wenigen Minuten zusehends. Schließlich konnte er sich selbst auch eingestehen, dass das ganz neu für ihn und unerwartet war. Zu Hause mit Henry lebte er inzwischen immer in der Erwartung, angegriffen zu werden, ein Zustand, der unterschwellig Ängste auslöste. Ganz ähnlich denen, die Henry fühlen musste, wie wir dann gemeinsam feststellten.

In aufgeheizten Situationen hilft nur Deeskalation
Der Anfang war gemacht. Als Hausaufgabe gab ich Stefan Verhaltensregeln mit auf den Weg. Ich riet ihm vor allem, sich Henry erst einmal nur auf ganz leisen Sohlen zu nähern, Henrys Rückzugsorte zu respektieren, vertrauensbildende Maßnahmen zu ergreifen und Melanie als Vermittlerin zwischen Mann und Kater zu nutzen. Ein großer Aufgabenkatalog, den wir Schritt für Schritt angingen: So war Stefan von nun an wieder für Henrys Futter und diesmal zu seiner „Freude" auch für das Katzenklo zuständig, also für menschliche „Dienste", deren Erledigung jede Katze schätzt oder bei Ausbleiben schwer vermisst. Damit Henry zu Stefan wieder Vertrauen fassen konnte, war Stefans Anwesenheit bei Spielen oder Schmusestunden mit Henry erwünscht, jedoch wurde er noch nicht aktiv eingebunden, er saß nur in einiger Entfernung dabei, wenn Melanie etwas Angenehmes mit Henry machte. So schaffte Stefan es allmählich, seine Spannungen und Vorbehalte dem Kater gegenüber abzubauen, ein hartes Stück Arbeit für ihn. Gleichermaßen konnte Henry Stefan als jemanden erleben, der sich zurückhielt und ihm Raum gab. Später kamen dann gemeinsame Aktivitäten hinzu, in die Stefan gleich-

berechtigt eingebunden war, sodass sich zu dritt schöne Erlebnisse ergaben, die auch Stefan langsam genießen konnte und die Henry schließlich mehr und mehr schätzte.

In angespannten oder aufgeheizten Situationen wie zwischen Stefan und Henry hilft nur eine klare Deeskalationsstrategie. Die Spannung muss aus der Situation herausgenommen werden. Wir Menschen müssen lernen, „auf leisen Pfoten zu treten", das mögen Katzen am liebsten. Gerade bei traumatisierten Tieren sollten wir dafür sorgen, dass sie in der Wohnung einen Platz in erhöhter Position bekommen, auf den sie sich jederzeit zurückziehen können, und zwar absolut ungestört. Gern wird von Katzen ein höhlenartiger Bereich auf höherer Ebene angenommen. In Henrys Fall war das besonders wichtig, damit er Stefan nicht immer als übermächtige Bedrohung und übergriffigen Menschen erlebte.

Muskeln zeigen hilft nicht

Ich sehe häufiger, dass Männer auf die Aggressionen einer Katze impulsiv und ebenso aggressiv reagieren und mit dem Tier einen ungesunden Wettkampf beginnen. Männer fühlen sich anscheinend tendenziell leichter von dem Verhalten einer Katze provoziert als Frauen und manchmal vielleicht auch in ihrer Ehre verletzt. Sie fassen das aggressive Verhalten als Fehdehandschuh auf, nehmen es persönlich und verstehen nicht, dass es für die Katze der Ausdruck einer elementaren Selbstverteidigung ist. Bei ihr geht es um alles.

Man kann über die Gründe, warum Männer auf eine noch so kleine Bedrohung eher mit Kampf und Konfrontation reagieren als Frauen, nur spekulieren. Sehr reflektierte Männer vermuteten mir gegenüber, dass es mit der Wirkung des Testosterons zu tun haben könnte. Andere gaben zu, sie wollen nicht vor einem Tier kapitulieren, das einen Bruchteil der eigenen Körpergröße besitzt. Wie auch immer, als Mensch sollte man sich bewusst machen, dass Kampf sowohl für den Menschen als auch für das Tier grundsätzlich nicht gut enden kann und nur weitere Probleme schafft. Letztendlich zahlt de Katze jedoch den höheren Preis.

Ausgesetzte Katzen haben einen schweren Start
Ich werde häufig zu Fällen gerufen, in denen die Aggression der Katze durch ein Angsterlebnis ausgelöst wurde. Besonders psychisch labile und wenig selbstbewusste Tiere, wie Henry, reagieren aggressiv auf verunsichernde Ereignisse. Manchmal gehen zwei Tiere, zwei Kontrahenten, direkt aufeinander los, in anderen Situationen richtet sich die Aggression gegen Menschen, wie in Henrys Fall. Henry hatte sehr lange gebraucht, bis er vorsichtiges Vertrauen zu seinem Menschen gefasst hatte, erst nach einem Jahr hatten Henry und Melanie zu einer Zweisamkeit gefunden. In dieser Situation erlebte Henry Stefan als potenziellen Konkurrenten und ich gehe davon aus, auch als jemanden, der ihm seine vermeintliche Überlegenheit zeigte, wenn auch unbewusst.

Henry fühlte sich in seiner Umgebung erst seit Kurzem sicher, eine Sicherheit, die der Kater aufgrund seiner Vorgeschichte noch als neu und fragil erleben musste. Dann wird Henry in seinem Revier von einer Männertruppe überrascht, die ihm keine andere Rückzugsmöglichkeit als das Bad ließ. Und zu guter Letzt wird er auch hier, in seinem Versteck im Regal, in die Enge getrieben. Ein derart bedrohtes Tier reagiert mit Panik und greift an. Der Kater kämpfte aus seiner Sicht um Revier und um sein Leben, sicher in Todesangst, als Stefan ihn dann noch fixierte und auf den Boden drückte.

Viele Katzenhalter klagen über Verhaltensprobleme und schildern mir, wie dominant, frech, provozierend oder aggressiv ihre Tiere seien. Wenn ich vor Ort bin, stellt sich die Situation allerdings ganz anders dar. Meist reagieren Katzen, die unsicher sind und sich bedrängt fühlen, mit defensiver Lautsprache wie Fauchen und Knurren.

Wir sprechen bei Katzen von Angstaggressionen. In Stefans und Henrys Fall lagen Mann und Tier gar nicht so weit auseinander. Auch Stefan reagierte in Situationen, in denen er sich von Henry bedroht fühlte, aggressiv und ablehnend und war bereit, sich jederzeit zur Wehr zu setzen. Solche Zusammenhänge müssen erst einmal bewusst werden, bevor der Konflikt aufgelöst und das gestörte Verhältnis von Mensch und Tier wiederhergestellt werden kann. Den Schritt zur Deeskalation kann allerdings nur der Mensch tun. Dass dann noch viele weitere Schritte folgen müssen, viel Zeit und Geduld aufgebracht werden muss, versteht sich von selbst.

Aggressiven Katzen entspannt begegnen

Wenn ich zu einer aggressiven Katze gerufen werde, praktiziere ich nach Möglichkeit vorher Yoga oder Qigong, um ihr so entspannt wie möglich gegenüberzutreten. Überhaupt arbeite ich sehr viel daran, als Tiertherapeutin entspannt im „Hier und Jetzt" zu sein, wie es im Yoga so schön heißt. Dadurch bin ich entspannt und aufnahmefähiger. Yoga fördert nachgewiesenermaßen die Empathie, eine zentrale Fähigkeit in meinem Beruf. Das spüren sowohl die Besitzer als auch die Katzen. Mensch und Tier reagieren viel positiver auf mich, als wenn ich gehetzt und gestresst bei ihnen ankomme. Ich versuche, diesen Zusammenhang zwischen Entspannung und Verspannung, innerlicher Anspannung und Offenheit auch den Haltern im Umgang mit ihren verhaltensauffälligen Katzen klarzumachen. Als Mensch habe ich es in der Hand, eine schwierige Situation durch innere Ruhe und Gelassenheit aufzulösen und dadurch die Entwicklung der Beziehung in gute Bahnen zu lenken. Wichtig ist zudem, dass niemand als schuldig abgestempelt wird, weder die Katze noch ihr Mensch. Ich hüte mich grundsätzlich vor Bewertungen, den Boden für Lösungen bereitet man nicht mit Schuldzuweisungen vor.

Männer und Katzen – ein eigenes Kapitel

Landläufig werden Frauen eher mit Katzen in Verbindung gebracht als Männer, interessanterweise heißt es ja auch: *die* Katze und *der* Hund. In den meisten Fällen sind es Frauen, die sich europaweit um die Versorgung herrenloser Katzen kümmern. Viele stellen dabei ihre eigenen Bedürfnisse zurück wie die Italienerin Fanti, die ich in diesem Sommer kennenlernen durfte. Ihre Bäckerei war ausgebrannt, keine Versicherung zahlte und trotzdem füttert sie seit 18 Jahren täglich die Katzen und nimmt die kranken Tiere in ihr Haus auf.

Außerdem hält sich hartnäckig die Ansicht, dass Katzen schwer zu durchschauen seien, während Hunde als bester Freund des Menschen als treu und geradeheraus gelten. Eine Fernsehkollegin fand bei einer Recherche zu einer Tiersendung fast beiläufig heraus, dass Katzenhaltung auf Dating-Websites sogar ein Ausschlusskriterium bei Männern sein kann. Bei der Partnersuche haben einige Männer offensichtlich damit Probleme, dass Frauen Katzen lieben und halten. Über die Gründe lässt sich nur spekulieren, gegebenenfalls, weil sie selbst keine Katzen halten oder aber an alten Vorurteilen festhalten. Einige Partnerbörsen sollen den Frauen sogar raten, ihre Katzenliebe auf ihrem Profil im Netz nicht anzugeben, um mögliche Partner nicht schon im Vorfeld abzuschrecken. Ein Tier in einer Partnerschaft zu akzeptieren, fällt vielen Männern schwer, insbesondere wenn sie nicht mit Tieren aufgewachsen sind. Sie möchten in der Partnerschaft nicht auf den zweiten Platz verwiesen werden. Eine Sichtweise, die es ihnen doppelt schwer macht, Hilfe anzunehmen, wenn sie mit Verhaltensproblemen von Katzen konfrontiert werden.

Viele Männer stehen einer Katzentherapie skeptisch gegenüber. Ich muss sie erst davon überzeugen, dass „das Geld nicht zum Fenster hinausgeworfen ist", sondern dass mit einer Therapie sehr viel erreicht werden kann. Trotzdem habe ich erlebt, dass Frauen die Beratung mit vielen Tricks vor ihrem Partner verbergen mussten. So durfte ich die Rechnung beispielsweise nur an ihre Arbeitsadresse schicken und das Honorar wurde entweder vom eigenen Konto oder direkt bei der Bank eingezahlt, damit der Mann nicht sah, dass es vom gemeinsamen Konto abgebucht wurde. Oder Klientinnen riefen mich nur über ihr Handy, aber auf keinen Fall über ihr Festnetztelefon an, weil ihre Männer nicht nachverfolgen sollten, dass sie sich von einer Katzentherapeutin beraten ließen.

Glücklicherweise ist das die Ausnahme und ich habe das Versteckspiel vor allem bei älteren Eheleuten erlebt. Ältere Männer scheinen immer noch der Meinung zu sein, dass ein Tier zu funktionieren habe. Hier scheint sich jedoch ein Generationswechsel abzuzeichnen. Jüngere Männer gehen inzwischen deutlich verständnisvoller mit Katzen um. Ich treffe auch immer häufiger auf junge männliche Katzenfans, die offen für die Bedürfnisse ihrer Katze sind und harmonisch und problembewusst mit ihren Stubentigern zusammenleben. Eine Untersuchung der britischen *Cats Protection Society*, einer gemeinnützigen Katzenschutzorganisation, die das Verhältnis von Männern zu Katzen zum Thema hatte, kam zu dem Ergebnis, dass nach eigenen Angaben sechzig Prozent der jungen männlichen Single-Katzenhalter zwischen zwanzig und vierzig für ihre Katze auf Urlaub verzichten und fünfzig Prozent sogar Freundschaften für ihre Katze aufgeben würden. Achtundvierzig Prozent sagten, sie würden auch für ihre Katze die Wohnung wechseln, und die Hälfte der Befragten gestand, dass sie mit der Katze im Bett besser einschlafen als mit der Partnerin. Auch fühlen sich gerade viele homosexuelle Männer zu Katzen hingezogen. Ich habe etliche schwule Paare in der Verhaltensberatung, die sich rührend um ihre Samtpfoten kümmern. Glücklicherweise spielt die Vorstellung, dass Katzen die Erwartungen ihrer Halter zu erfüllen haben, etwa so, wie die Anforderung an einen Gebrauchsgegenstand, bei jüngeren Männern im Umgang mit ihren Katzen eine bedeutend geringere Rolle.

Die Katze hat immer recht

In heterosexuellen Beziehungen wird die Katze eher schon einmal als Störfaktor empfunden, weil sie sehr viel Aufmerksamkeit auf sich zieht. Ein Ehemann gestand mir während einer Beratung: „Wissen Sie, Frau Dexel, die Katze hat sowieso immer recht." Das kam bei ihm aus tiefstem Herzen und ich sah ihm seine Frustration an. Die Katze sollte nicht auf seinen Schreibtisch springen und sich schon gar nicht auf seinen Laptop legen. Für ihn eine absolute Tabuzone, die seiner Frau nur ein Schulterzucken Wert war. Das brachte mich zum Schmunzeln, aber natürlich sah ich auch die Tragik der Situation. Aus ihm sprach einerseits Eifersucht und Enttäuschung, weil die Katze so viel mehr Aufmerksamkeit bekam als er, andererseits wusste er, wie viele Männer, offensichtlich nicht so recht, wie er mit der Katze umgehen sollte. Männer wollen Regeln und erwarten Respekt für ihre Wünsche: Sie haben die Katze schon zum hundertsten Mal vom Esstisch verscheucht, doch wenn sie nach Hause kommen, sind wieder frische Pfötchenabdrücke auf dem Tisch. Wenn dann noch die Partnerin über den „Ungehorsam" eher schmunzelt, sind sie doppelt enttäuscht: Partnerin und Katze fallen ihnen in den Rücken. Das ist tatsächlich sehr frustrierend und ich muss viel Aufklärungsarbeit leisten, um ihnen klarzumachen, wie Katzen ticken. Aus meiner Erfahrung weiß ich, dass einige Männer, wenn auch oft unbewusst, die Rivalität mit Katzen suchen. Ich höre noch im Fall des Katers Henry den Freund der Halterin typischerweise sagen: „Ich oder die Katze." Oft genug zieht die Katze dann leider den Kürzeren. Mir ist wichtig, den Frauen Mut zu machen, für ihre geliebten tierischen Familienmitglieder einzustehen und so zu antworten wie Henrys Halterin: „Da gibt es auch noch eine dritte Lösung. Wir ziehen einen Experten hinzu, mit dem wir das Problem gemeinsam lösen können." Schließlich geht es nicht um ein Entweder-Oder, sondern um ein Sowohl-als-auch.

Katzen mögen auf Augenhöhe sein

Es wird kaum gelingen, Katzen von verbotenen Orten fernzuhalten. Zum einen liegt es in ihrer Natur, fremde Reviere zu durchstreifen, wenn der Revierinhaber abwesend ist. Sie verhalten sich also katzengemäß, und es wäre unsinnig, sich darüber zu ärgern. Die Katze macht ja nichts anderes als das, was sie als Freigänger auch machen würde: die Lieblingsplätze der Nachbarkatze zu beschnuppern und zu besetzen, wenigstens so lange, wie diese nicht da ist. Zum anderen sollte man sich klarmachen, dass die Katze als körperlich kleines Tier ein Bedürfnis hat, im wahrsten Sinne des Wortes auf Augenhöhe mit uns zu sein. Katzen sind, wenn sie keine schlechten Erfahrungen gemacht haben, von Natur aus eher neugierig, und es ist schlichtweg auch spannend zu beobachten, was auf dem Esstisch, der Küchenarbeitsplatte oder der Anrichte passiert. Die Lösung besteht darin, ihr einen viel attraktiveren höheren Platz einzurichten, von dem aus sie mitten im Geschehen ist und alles beobachten kann. Was allerdings passiert, wenn Sie nicht zu Hause sind, müssen Sie mit einem Lächeln hinnehmen. Hier rate ich zu Gelassenheit.

Mein Fall
Marlene Büchel und Elli – Elli mit dem Rastafell

Die dreijährige Perserkatzendame Elli sah wirklich unglaublich aus: Statt glänzendem, plüschigen Fell trug sie stumpfe, verfilzte Strähnen, die an Dreadlocks der Rastafaris aus Jamaika erinnerten. Ellis Halterin Marlene Büchel aus Zürich hatte sie mit zwölf Wochen aus einer großen Zucht gekauft. Die Züchterin, die sie über das Internet ausfindig gemacht hatte, hielt drei Zuchtkatzen, die gleichzeitig geworfen hatten, und überall tollten und purzelten die Katzenbabys herum, als Marlene Büchel ihre kleine Elli abholte. Nach einigen Wochen fiel Marlene auf, dass Ellis Fell zu verfilzen begann, vor allem an der Hinterseite der Oberschenkel und in den Achseln hatten sich kleine Knoten gebildet. Marlene versuchte die Knoten mit ihrer Haarbürste auszukämmen, was der sonst so gelassenen Elli gar nicht gefiel. Sie setzte sich mit allen Mitteln zur Wehr und Marlene Büchel gab nach. Als Ellis Fell immer ungepflegter wirkte, rief Marlene bei der Züchterin an, die ihr riet, sich mit Nachdruck durchzusetzen.

Schweren Herzens tat Marlene Büchel genau das, obwohl Ellis Gegenwehr immer heftiger wurde und sie kräftig biss und kratzte. Marlene war gestresst und wohl auch enttäuscht von ihrer Elli und löste das Fellproblem eines Tages so, dass sie Elli auf Anraten einer befreundeten Hundebesitzerin in einen Hundesalon zum Scheren brachte. Als sie Elli nach anderthalb Stunden wieder abholte, war ihre geschorene Katze nicht mehr dieselbe. Zu Hause knurrte und fauchte Elli, sobald Marlene sich ihr mit einem Gegenstand näherte. An Kämmen war nun gar nicht mehr zu denken. Schließlich brachte Marlene Elli einige Male zum Tierarzt, damit sie unter Narkose geschoren werden konnte. Aber auch das gab Marlene auf, denn Elli machte schon beim Hervorholen der Transportbox ein solches Theater, dass die Halterin sich und dem Tier den Stress ersparen wollte. Als das Fell der Katze endgültig verfilzt war und wie die Matte eines Rastafaris wirkte, wandte sich Marlene Büchel verzweifelt an mich.

Langhaarkatzen brauchen Hilfe bei der Fellpflege

Elli sah schlimm aus, als ich sie zum ersten Mal sah. Als mir Marlene Büchel die Historie der verunglückten Haarpflege erzählte, tat mir Elli wahnsinnig leid, aber ihr Kampf gegen die erlebte Gewalt imponierte mir auch und ich musste schmunzeln, als ich mich auf der Rückfahrt von unserem ersten gemeinsamen Treffen dabei ertappte, dass ich gedankenverloren den Reggaesong „Get up, stand up (for your rights)" von Bob Marley vor mich hin summte. Auch Elli hatte gegen die erlittene Ungerechtigkeit kratzend und beißend aufbegehrt und sie verdiente meine volle Solidarität.

Frau Büchel gestand mir, dass sie keine Erfahrung mit Langhaarkatzen hatte und sich der Problematik nicht bewusst gewesen war. Sie hatte bisher nur kurzhaarige Bauernhofkatzen gekannt, die sich wunderbar selbst pflegen und es genießen, wenn sie hin und wieder mit der Bürste in Berührung kommen. Das sieht bei einer Langhaarkatze schon ganz anders aus. Nach Berechnungen aus den USA beträgt die durchschnittliche Länge aller Haare einer Perserkatze hintereinander gelegt mehr als dreihundertsiebzig Kilometer. Eine Langhaarkatze braucht tägliche Unterstützung bei der Fellpflege, die feinen, langen Wollhaare fallen nicht einfach aus, sondern verfilzen. Werden sie nicht ausgekämmt, bilden sich zuerst kleine Verfilzungen, dann größere Knoten und schließlich flächige Verfilzungen. Perserkatzen sind dem hilflos ausgeliefert, sie benötigen menschliche Unterstützung bei der Fellpflege. Allerdings eine Fellpflege, die gelernt sein muss.

Frau Büchel hatte sich um das Thema Fellpflege vor dem Kauf ihrer Langhaarkatze keine Gedanken gemacht und auch die Züchterin hatte sie auf die Anforderungen dieser speziellen Rasse nicht sorgfältig genug aufmerksam gemacht. So hatte sie Marlene zwar erklärt, dass das Fell einer Langhaarkatze regelmäßig gekämmt werden müsse, jedoch hatte sie versichert, dass das bei den gutmütigen Persern kein Problem sei. Marlene war natürlich überrascht, dass ihre Elli das Bürsten ablehnte, und fühlte sich fast selbst ein bisschen abgelehnt durch die vehemente Gegenwehr ihrer Katze. Dabei lag das Problem darin, dass das kleine Kätzchen nicht von Anfang an an das Kämmen gewöhnt worden war, zu einer Zeit also, als ihr Fell noch kürzer und glatt war. Die Züchterin selbst hatte versäumt, ihrer Verantwortung nachzukommen. Perserkätzchen müssen lernen, dass die Fellpflege und die dazugehörigen Handhabungen weder beängstigend noch unangenehm oder schmerzhaft sind. Es führt kein Weg daran vorbei: Langhaarkatzen sind eine Laune und das Ergebnis menschlichen Züchtens und müssen so früh wie möglich, das heißt, noch im Züchterhaushalt spielerisch an das Kämmen gewöhnt werden. Wenn man eine Perserkatze hat, kommt man um die tägliche Hilfe bei der Fellpflege nicht umhin, und das Kätzchen muss von Anfang an von Hand gebürstet werden, eine Katzenzunge allein reicht da nicht. Deshalb rate ich immer, beim Züchter nachzuhaken und zu fragen, ob und wie das Tier auf das Kämmen vorbereitet worden ist.

Zwang ist kontraproduktiv

Marlene Büchel hatte das Gute gewollt und das Falsche erreicht. Zudem fehlte es ihr am richtigen Rat zur rechten Zeit. Ihre Katze Elli dagegen hatte sich paradoxerweise konsequent und logisch richtig verhalten. Frau Büchel nahm zu Beginn der sich abzeichnenden Fellprobleme ihre eigene Haarbürste, um Ellis Fell zu entwirren, mit der sie gar nichts ausrichten konnte. Die Prozedur war für Elli schmerzhaft und ihre Versuche, sich dem zu entziehen, waren von Erfolg gekrönt. Elli lernte, wie sie die Fellpflegeambitionen von Marlene unterlaufen konnte. Es liegt für den Halter nahe, angesichts eines Problems, das unbedingt gelöst werden muss, wenn nichts zu helfen scheint, zu Zwangsmaßnahmen zu greifen. Darin bestärkt wurde Marlene noch durch die Empfehlung der Züchterin, sich durchzusetzen. Aber Katzen lassen sich nicht zwingen, man kann sie nicht „brechen", wie es bedauerlicherweise bei Pferden oft noch geschieht. Das Einreiten bei Pferden heißt im Englischen „to break in", sprich sie „zu brechen", ein Begriff, der die brutale Art und Weise des traditionellen Einreitens passend und ohne Euphemismus beschreibt. Pferde zu brechen bedeutet nichts anderes, als sie mit Gewalt zu zwingen, ihren eigenen Willen aufzugeben.

Katzen sind eigenwillig und dafür lieben wir sie. Aber in unerfahrenen Händen beschert es ihnen auch sehr viel Leid. Elli wehrte sich mit Zähnen und Krallen dagegen, gewaltsam festgehalten und schmerzhaft am Fell gezogen zu werden. Die kleine, friedliche Perserkatze verwandelte sich plötzlich in das wehrhafte Raubtier, das sie ja auch ist. Logischerweise reagieren Katzen auf ihre es noch so gut meinenden Halter nach einer derartigen Behandlung mit Zurückhaltung und verwehren sich jeder Annäherung mit Kratzen und Beißen.

Elli wurde durch den Hundesalon traumatisiert
Marlene Büchel hätte ihre Elli auf keinen Fall in den Hundesalon geben dürfen. Dort riecht alles nach Hund, fremd und vermutlich aus Katzensicht feindlich. Dann musste sie erleben, wie sie in einer Haltevorrichtung fixiert, ihrer Bewegungsfreiheit beraubt und unter Lärm geschoren wurde. Man muss kein Katzenexperte sein, um sich vorstellen zu können, wie machtlos, angsterfüllt und ausgeliefert sich eine Katze in dieser Lage fühlt.

Ein Erlebnis, das Elli traumatisierte. Kein Wunder, dass sie von da an alles, was sie mit diesem Erlebnis in Verbindung brachte, von Kämmen bis hin zum Transport in der Katzenbox mit all ihren ihr zur Verfügung stehenden Mitteln bekämpfte. Frau Büchel reagierte enttäuscht, Elli hatte sich in ihren Augen von einem süßen Katzenbaby zu einer aggressiven Katze entwickelt. Sie verstand am Anfang nicht, dass Elli nichts weiter als angemessen auf eine äußerst bedrohliche Situation reagierte. Elli war nicht aggressiv, sie setzte sich Zwang und Gewalt gegenüber völlig artgemäß zur Wehr. Das heißt, Elli reagierte normal und gesund. Natürlich darf man Langhaarkatzen, ist es einmal so weit gekommen, nicht verfilzt herumlaufen lassen. Das Scheren bleibt in so einer Situation als letzter Ausweg.

Aber dann beim Tierarzt, der das Tier betäubt und es nicht bei vollem Bewusstsein fixiert. Allerdings ist auch das keine Dauerlösung, sondern wirklich nur im Notfall anzuraten. An Fellpflegeutensilien kann man Katzen gewöhnen, wenn man sie von klein auf mit den Dingen und Geräuschen vertraut macht und sie es als angenehm erleben lässt.

Mit Geduld und Vertrauen

Da half nur eins: viel Geduld und Vertrauen und ein Plan, Elli schrittweise das Tolerieren der Fellpflege anzutrainieren. Nach sechs Monaten intensivem Clickertraining und Coaching ließ sich Elli endlich stressfrei kämmen. Marlene Büchel musste ihrer Katze in klitzekleinen Schritten beweisen, dass sie friedliche Absichten hatte, um Ellis Vertrauen langsam wieder zurückgewinnen zu können. Dies war nur durch positive Bestärkung eines jeden kleinen Teilschrittes mithilfe des Clickers als positivem Verstärker möglich. Jedes noch so kleines bisschen an Toleranz, Nähe und Handlungen, das sie zuließ, wurde überschwänglich gelobt und mit Clicks und Leckerchen belohnt. Das Porzellan, das durch das gewaltsame Vorgehen binnen kurzer Zeit zerschlagen worden war, musste in minutiöser Kleinarbeit wieder gekittet werden. Je dramatischer die erlittene Situation, umso vorsichtiger und sanfter die Verfahrensweise. Solche Therapieschritte, bei denen es darum geht, verlorenes Vertrauen wieder zurückzugewinnen, verlaufen in der Praxis nie linear, es gibt immer wieder Rückschläge. Es ist wichtig, auch diese Phasen als wichtigen Bestandteil der Therapie zu akzeptieren und sich nicht entmutigen zu lassen. Menschen wie Tiere sind keine Maschinen. Je einfühlsamer, geduldiger und toleranter wir unseren Mitgeschöpfen gegenübertreten, umso nachhaltiger können sich festgefahrene Verhaltensmuster wieder lösen, ähnlich wie die Knötchen im Katzenfell.

Die passenden Werkzeuge und Hilfsmittel wählen
Wichtig war auch das richtige Equipment für Ellis Fellpflege: Metallkämme in verschiedenen Größen mit abgerundeten und rotierenden Zinken, ein sogenanntes „Deshedding"-Pflegewerkzeug für Langhaarkatzen, ein Entfilzungsmesser und zum Kürzen der Haare in der Analregion eine Schere mit abgerundeten Spitzen. Dann heißt es täglich eine halbe Stunde bürsten. Die raue, mit Hornwarzen besetzte Katzenzunge reicht allein nicht aus, um ein unnatürliches (in der Evolution nicht vorgesehenes) Langhaarfell, das zudem seidiger und dichter ist als ein normales Katzenfell, in Ordnung zu halten.

Und damit nicht genug: Magen und Darm einer Katze sind nicht darauf ausgerichtet, so viel Haare zu vertragen; auch hier kann es zu Problemen kommen, wie beispielsweise einer Verstopfung. Marlene Büchel lernte schnell, was es heißt, Verantwortung für eine Langhaarkatze zu übernehmen. So gab es kaum mehr Ziepen bei der täglichen Fellpflege, und damit hörte das Kratzen und Beißen auf, und Elli begann ab einem gewissen Punkt sogar, das gemeinsame Ritual als willkommenes Wellnessprogramm zu genießen.

Mein Fall
Simone Reinicke und Paulchen – Paulchen, der Wadenbeißer

Paulchen war ein Bauernhofkater, der bereits mit sieben Wochen von der Mutter getrennt wurde, weil der Bauer die Katzenkinder so früh wie möglich loswerden wollte. Simone Reinicke, eine jungen Altenpflegerin, die in einer Zweizimmerwohnung mit kleinem Balkon lebte, nahm den Winzling auf. Da sie einem Vollzeitjob nachging, war der kleine Kerl unter der Woche tagsüber allein. Kam Simone abends erschöpft nach Hause, wollte sie zunächst in Ruhe etwas essen, um sich dann hinzulegen und auszuruhen und dabei mit dem Kater zu schmusen. Sie hatte allerdings die Rechnung ohne Paulchen gemacht, der sich den ganzen Tag über gelangweilt hatte und jetzt vor Energie strotzte. Kleine Balgereien und Angriffsspiele ließ Simone Reinicke über sich ergehen und animierte ihn zusätzlich, in der Hoffnung, es würde Paulchen schneller müde machen. Kratzer und Bisse nahm sie anfangs hin. Je größer Paulchen wurde, desto aktiver wurde er. Nun begann er, auch nachts ohne Vorwarnung auf ihr Bett zu springen und sie zum Spielen aufzufordern. Hatte er schon vorher gern während des Spiels in Hände und Füße gebissen, begann er nun, sein Frauchen in die Zehen zu beißen. Wenn sie schrie, war es umso besser, endlich kam Leben in die Bude und er konnte ordentlich raufen. Um sich nachts vor Angriffen zu schützen und durchschlafen zu können, verbannte Simone den Kater fortan aus ihrem Schlafzimmer, was Paulchen gar nicht gefiel.

Je größer Paulchen wurde, desto gröber und schmerzhafter wurden seine Spiele. Bald fing er sogar an, seinem Frauchen hinter der Küchentür aufzulauern, sie spielerisch anzugreifen und ihr in die Waden zu beißen. Schimpfte sie, rannte er weg, um sich gleich darauf wieder auf sein Frauchen zu stürzen. Sie wehrte die Angriffe mit einem dicken Frotteehandtuch ab, was dem Kater besonders viel Spaß zu machen schien – Simone hatte den Eindruck, dass das Handtuch ihr Paulchen regelrecht anfeuerte. Dieses Verhalten von Katzen ist weit verbreitet, man nennt es ungerichtete Jagdaggression. Die Katze simuliert die Jagd und springt dem Halter ans Bein, ins Genick oder an den Arm. Dabei können böse Wunden entstehen.

Lag Simone auf der Couch, kam ihr Kater miauend und gurrend herangepirscht und fixierte sie. Simone wusste mittlerweile, dass ein Angriff kurz bevorstand, sobald Paulchens Schwanz hin und her peitschte. Der Kater sprang ihr mitten ins Gesicht, wenn sie sich nicht rechtzeitig aufrichtete oder zum Schutz eine Decke vor das Gesicht hielt. Er verbiss sich in den Stoff, während er mit den Hinterbeinen den sogenannten Mausetritt ausführte, den Katzen anwenden, wenn sie ihre Beute unschädlich machen wollen. An diesem Punkt kam ich ins Spiel.

Hausgemachte Probleme

Für mich war schnell klar, dass hier ein hausgemachtes Problem vorlag. Paulchen war viel zu jung aus seiner Katzenfamilie gerissen worden, sodass er Spielregeln unter Katzenkindern nicht gelernt hatte und deswegen keinerlei Hemmungen zeigte, Simone mit Krallen und Zähnen richtig zuzusetzen. Dass schlecht sozialisierte Stubentiger ihre Besitzer bei ihren Katzenspielen attackieren und verletzen ist nicht ungewöhnlich. Ich hatte schon viele solcher Fälle in meiner Praxis.

Bauernhofkatzen wie Paulchen sind bei guter Fütterung meiner Erfahrung nach genetisch mit viel Lebensenergie ausgestattet und müssen diese ausleben. In der Traditionellen Chinesischen Medizin, mit der ich immer wieder positive Erfahrungen gemacht habe, spricht man in so einem Fall von viel Qi, dass diese Katzen mitbringen. Bei einer reinen Wohnungshaltung wird diese Lebenskraft gestaut und führt zu Verhaltensproblemen, da diese vitalen Katzen körperlich und geistig nicht gefördert und gefordert werden.

Paulchen war genau so ein Fall, es mangelte ihm massiv an artgemäßer Beschäftigung, die er durch Freigang oder auch, wenn wir den richtigen Artgenossen gefunden hätten, durch einen Katerkumpel für seine wilden Raufspiele erhalten hätte. Er verbrachte den ganzen Tag allein in der für ihn eher kargen Wohnung und war noch nicht einmal ansatzweise ausgelastet, wie mir schon bei unserem ersten Treffen deutlich auffiel.

Wenn ich zu Klienten gerufen werde, nehme ich meistens ein ganzes Arsenal an Katzenspielzeug mit. Ich will das Tier ja kennenlernen, und es soll mich mögen und möglichst interessant finden, damit ich es gut kennenlerne und mit ihm konstruktiv arbeiten kann.

Auch bei Paulchen hatte ich Erfolg. Diesmal hatte ich, wie so oft, meine Reitgerte zur Animation dabei. Ich führe sie über den Boden, unter Teppiche, hinter Möbelbeine und lasse sie hin und her huschen. Paulchen ging ab „wie Schmidts Katze", er konnte sein Glück gar nicht fassen, so begeistert war er von diesem Spiel. Bevor ich mich mit Simone hinsetzen und in Ruhe den Fall besprechen konnte, mussten wir mit Paulchen durch die ganze Wohnung laufen, er war voller Elan dabei, machte vor Freude Bocksprünge und war gar nicht müde zu kriegen. Da merkte ich, welche Energie in ihm steckte. Sie brodelte die ganze Zeit in ihm und er hatte kein Ventil, um sie abzubauen.

Eine dritte Ebene muss her
Da Simone auf gar keinen Fall noch einen weiteren Kater aufnehmen wollte, der zu Paulchen gepasst hätte, regte ich als erste Maßnahme an, in der Wohnung eine dritte Ebene für den Kater zu schaffen, damit er mehr Möglichkeiten zum Klettern, Beobachten und Verstecken hatte. Die dritte Ebene bedeutet, den oberen Bereich der Wohnräume zugänglich zu machen. Es gibt wunderbare und leicht umsetzbare Beispiele, wie diese dritte Ebene in der Wohnung ohne viel Aufwand eingerichtet werden kann. Dazu braucht man Regalbretter und Aussichtsplattformen sowie Verbindungsstrecken zwischen den einzelnen Punkten durch Katzenlaufstege, sogenannte Cat-Walk-Systeme oder dicke Taue. Vieles davon kann man mit ein wenig handwerklichem Geschick selbst bauen. Katzen sind begnadete Athleten mit dem Bedürfnis, sich auf mehreren Ebenen zu bewegen, denken sie nur an einen Leoparden im Baum. Sie haben außergewöhnliche Fähigkeiten wie Balance, Flexibilität und Sprungkraft und den Drang, sich artgemäß in ihrem Lebensraum auszuleben. Auch ängstlichen Katzen hilft man mit Rückzugsmöglichkeiten, die der Mensch mit

ausgestrecktem Arm nicht erreichen kann, sich etwas sicherer zu fühlen. Klettermöglichkeiten und unterschiedlich hohe Verstecke, Aussichtsplattformen und Ruheplätze sind für Katzen genauso wichtig wie der Schmuseplatz auf der Couch und die Laufstrecke auf dem Boden. Auch Paulchen wurde so etwas geholfen: Durch die baulichen Veränderungen in Simones Wohnung konnte der kleine Energiebolzen seinen Bewegungsdrang nun etwas besser ausleben. Aber das war noch nicht genug. Simone musste für Paulchen sehr viel mehr tun.

Vom Monsterkater zum Leinentiger

Die Bedürfnisse von Paulchen und die seiner Halterin passten denkbar schlecht zusammen. Simone Reinicke hatte einen anstrengenden Beruf und hätte sich mit einer älteren Katze mit einem größeren Schlafbedürfnis wohler gefühlt. Ein älteres Tier schätzt ein ruhiges Zuhause mit gemeinsamen Schmusestunden auf dem Sofa.

Deshalb hätte Simone sich vor allem überlegen müssen, ob sie nach ihrem anstrengenden Job noch die Kraft und Energie für ein so forderndes und lebhaftes junges Tier aufbringen würde. Eine Möglichkeit wäre gewesen, ein geeigneteres Lebensumfeld für ihn zu finden. Ich bot ihr an, gemeinsam ein neues Zuhause für Paulchen zu suchen, am besten mit viel Freigang und mehr Möglichkeiten zum Austoben. Das wäre für ihn genau das Richtige gewesen.

Simone bat sich Bedenkzeit aus und rief nach einer Woche an. Sie hatte sich entschieden, selbst mit Paulchen intensiv zu arbeiten und ihm ausreichend artgemäße Beschäftigung zu bieten. Sie liebte ihn trotz seiner „gefährlichen Marotten" über alles und wollte diese Zeit unbedingt aufbringen. Das war der Startschuss für ein straffes Trainingsprogramm, das einschneidende Veränderungen in Simones bisherige Routine brachte. Es war für sie nicht mehr erlaubt, sich nach der Arbeit hinzulegen. Ich riet der überraschten Halterin, vor der Heimkehr einen Kaffee trinken zu gehen und sich ohne schlechtes Gewissen etwas auszuruhen und Kraft zu tanken. Danach fing ihr zweiter Job als Paulchens Trainerin an. Sie musste erst einmal ausgiebig mit ihm spielen, damit er seine über den Tag aufgestaute Energie abbauen konnte. Dann starteten wir mit dem Clickertraining. Und schließlich wollten wir Paulchen langsam und behutsam an Leine und Geschirr gewöhnen. Paulchen sollte ja nicht nur in der Wohnung mehr Möglichkeiten zur Aktivität erhalten, sondern sich auch draußen ermüden dürfen. Aus dem kleinen Monsterkater sollte ein zufriedener Leinentiger werden.

Leinengang braucht Zeit
Es dauerte Monate, bis Paulchen sich an den Leinengang gewöhnte. Wichtig beim Trainieren war, dass sich Simone genügend Zeit ließ und nie ungeduldig wurde. Paulchen musste sich zu jedem Zeitpunkt der Gewöhnungsphase sicher fühlen und durfte nie unter Druck gesetzt werden. Wäre Simone zu schnell vorgegangen, hätte sie ihn auch nur ein bisschen bedrängt, hätten die Lernschritte bedrohlich auf Paulchen wirken können. Simones Kater musste erst einmal Geschirr und Leine sowie seinen begrenzten Bewegungsradius akzeptieren lernen, ohne das Vertrauen zu Simone zu verlieren.

Zu Simones Wohnung gehörte ein riesiger, gut kontrollierbarer Innenhof. Schon bei unseren ersten Ausflügen mit Paulchen merkten wir, wie wohl er sich draußen fühlte. Endlich konnte er neue Dinge erforschen, er blühte auf und war nach den Exkursionen zufriedener und ausgeglichener denn je. Das Draußen mit allen Gerüchen, Geräuschen und Entdeckungsmöglichkeiten eröffnete ihm eine ganz neue Welt. Das mutige Kerlchen begann sogar die Hunde im Innenhof spielerisch zu jagen. Schließlich wollte und durfte er jeden Abend mindestens eine Stunde lang mit Simone auf Entdeckungstour gehen und später unternahmen sie sogar gemeinsame Morgenspaziergänge.

Da in Paulchens Fall ein unkontrollierter Freigang nicht möglich war, konnte Simone so trotzdem ihrer Katze eine erfüllende und spannende Alternative bieten.

Einsicht ist der erste Schritt auf neuen Wegen

Je mehr Simone mit Paulchen trainierte, desto ausgeglichener wurde ihr Kater und langsam hörten seine wilden Attacken auf. Anfänglich war das Arbeiten mit den beiden jedoch schwierig, weil Simone ihr Vertrauen in den Kater verloren hatte. Es fiel ihr schwer zu verstehen, warum Paulchen sich ihr gegenüber so aggressiv verhielt, und sie musste sich eingestehen, dass auch sie ihm gegenüber Aggressionen entwickelt hatte.

Erst langsam begriff Simone, dass sie ein junges kräftiges Tier adoptiert hatte, sozusagen einen Superathleten, das sie hätte ausgiebig beschäftigen und trainieren müssen. Wäre Paulchen ein Freigänger gewesen, hätte er seinen Bewegungsdrang ausleben können. So blieb ihm nichts anderes übrig, als tagsüber durch zwei eher karge Zimmer zu pirschen, viel zu schlafen und wenn dann sein Frauchen nach Hause kam, sie zum Spielen zu animieren. Doch wenn er hoffte, es ginge nun endlich los, legte sich Simone erst mal hin. So wurde Paulchen immer frustrierter und suchte sich seine Ablenkung und Betätigung selbst. Und was liegt bei einem gesunden kleinen Raubtier mit massiver Unterforderung näher? Er wählte Jagdspiele, die jeder Katze Spaß machen. Diesen energetischen Stau mussten wir durch Training, kontrollierten Freigang an der Leine und ein Umgestalten seines Lebensraums lösen. Das wäre für Simone ohne therapeutische Hilfe schwierig bis unmöglich gewesen.

Zum Abschluss der Therapie schrieb mir Simone in einer Mail, dass sie zwar hoffe, der Kater werde mit zunehmendem Alter ihre Bedürfnisse nach Ruhe etwas mehr teilen, aber sie habe mittlerweile auch großen Spaß an den gemeinsamen Aktivitäten außerhalb der Wohnung gefunden. Ihr größtes Glück sei jedoch, zu sehen, wie Paulchen durch den Auslauf förmlich aufblühe und es so gut wie keine Attacken mehr gebe. Traten sie wieder auf, wisse sie, dass sie das Training vernachlässigt habe.

Ich kann an diesem Punkt nur noch einmal eindringlich raten, dass sich jeder, der eine Katze adoptieren möchte, vorher ehrlich überlegt, was er seiner Katze bieten kann, und auch, wie viel er bereit ist zu tun, sollten einmal Probleme auftreten.

Gehen Katzen gern an der Leine?

Viele Menschen tun sich immer noch sehr schwer mit der Idee, ihre Katze an eine Leine zu gewöhnen. Früher dachte man, das sei überhaupt nicht möglich. Ich bin mittlerweile ein großer Fan des Leinengangs, weil ich mit meinen eigenen Katzen so gute Erfahrungen gemacht habe, und weil es vielen Katzen die Möglichkeit gibt, draußen gefahrlos ein Stück Natur zu erleben, eine Erfahrung, die sie sonst nie machen könnten. Immer mehr Katzen leben heute in Wohnungen ohne Freigang. Die Lebenserwartung von reinen Wohnungskatzen kann bei guter medizinischer Versorgung durchaus fünfzehn Jahre sein. Ich erlebe aber etliche Katzen in meiner Beratung, die achtzehn oder sogar dreiundzwanzig Jahre alt geworden sind. Reine Freigänger haben dagegen Studien zufolge eine Lebenserwartung von unter fünf Jahren. Die meisten Katzen fallen dem Straßenverkehr zum Opfer. Wir haben dadurch selbst zwei Katzen viel zu jung verloren.

Ich verstehe jeden Halter, der seiner Katze keinen unkontrollierten Freigang gewähren möchte, weil beispielsweise eine große Straße in der Nähe des Hauses liegt. Weitere Gefahren sind Abschüsse durch Jäger, Vergiftungen und Infektionen. Ich höre oft von Kunden, dass ihre Freigängerkatze spurlos verschwunden ist. Was mit ihnen geschehen ist, werden sie wohl nie herausfinden.

Die Debatte Pro und Kontra von unkontrolliertem Freigang wird insbesondere im Netz sehr emotional geführt, was ich – wie so einige Diskussionen im World Wide Web zum Thema Katzen – für nicht hilfreich halte. Jeder Katzenhalter muss das Für und Wider seiner jeweiligen Situation gewissenhaft abwägen und eine Entscheidung treffen. Wir haben uns bisher – aufgrund unseres Lebens in der Stadt – gegen den Freigang entschieden und bieten unseren Katzen stattdessen Leinengang im Garten an.

Die Katze geht mit ihrem Menschen spazieren, nicht umgekehrt
Leinengang mit Katzen sieht allerdings ganz anders aus als bei Hunden. In der Regel geht die Katze mit ihrem Menschen spazieren und nicht umgekehrt. Es ist kein ganz einfacher Lernprozess für die Katze, zu akzeptieren, dass ihr Mensch am anderen Ende der Leine hängt und sie deshalb nicht immer dahin gehen kann, wohin sie will. Es dauert Monate, bis sie sich daran gewöhnt hat, ein Geschirr zu tragen und sich nur in einem eingeschränkten Radius bewegen zu dürfen. Letzteres mögen Katzen gar nicht, weil sie es gewohnt sind, zu tun und zu lassen, was sie wollen. Am sinnvollsten trainiert man alle Einzelschritte des Leinengangs nach und nach mit dem Clicker, das bieten wir auch in unseren Kursen an. Das sieht dann so aus: Zuerst muss das Geschirr antrainiert werden, dann der Leinengang in der Wohnung und im Hausflur. Erst wenn die Katze auch in unbekannten Situationen nicht mehr in Panik gerät, macht man die ersten gemeinsamen Schritte nach draußen. Wichtig ist, vorher alle möglichen Gefahren außerhalb der eigenen vier Wände abzuschätzen. Zum Beispiel: Leben Hunde in der Nähe, die auf die Katze losgehen könnten? Was mache ich, wenn uns fremde Hunde begegnen? Ich habe meinen Katzen beigebracht, auf ein Signal hin zu mir zu kommen und bei Gefahr auf meine Schulter zu springen, dort sitzen sie hoch und sicher.

Wenn das Training in der Wohnung und im Hausflur gute Fortschritte macht, darf man die ersten Ausflüge wagen, allerdings erst nur einige Meter – später wird man die Strecken laufen, für die sich die Katze entscheidet. Und genau das ist der Unterschied zu Hunden. Katzen führen, der Halter folgt. Gut sind Wege mit Begrenzungen. Katzen gehen gern an der Hauswand oder an Büschen entlang, dort haben sie Deckung und Schutz und sind entspannter. Offene, freie Plätze, zum Beispiel eine große Wiese, bereiten ihnen eher Angst, da sie dort potenziellen Angreifern ausgeliefert sind.

Wenn die Katze gelernt hat, dass sich ihr Mensch am anderen Ende der Leine befindet, und auch keine Panik bekommt, wenn die Leine mal gespannt ist oder sich um einen Baum gewickelt hat und erst wieder entwirrt werden muss, hat man es geschafft. Der Spaziergang im Schlepptau wird zum täglichen Ritual. Sie dürfen Ihrer Katze folgen. Beim Hund ist es meistens anders, er hat ein Interesse daran, dass sein Rudel zusammenbleibt, und schaut sich nach seinen Menschen um. Die Katze ist auf ihre Umgebung fixiert und nimmt jede Bewegung und jeden Laut um sie herum wahr. Ihre Aufmerksamkeit ist nicht auf den Menschen am Ende der Leine gerichtet. Hier heißt es für den Halter aufpassen, er muss jederzeit mögliche Probleme, die sich für die Katze aufgrund der Leine ergeben, antizipieren können.

Den inneren Schweinehund überwinden

Haben beide den Leinengang einmal gelernt, können Mensch und Katze eine Menge Spaß haben. Ich kenne viele Katzen und Katzenhalter, die beim Leinengang sehr entspannt sind. Manchmal braucht man gar keine Leine mehr und die Katzen gehen „bei Fuß" mit ihrem Menschen spazieren. Allerdings verpflichtet ein einmal eingeführtes Ritual zur Regelmäßigkeit. Das führt bei einigen Haltern zu großen Bedenken, auch fürchten sie, dass ihre Katze sich durch den Leinengang gar nicht mehr in der Wohnung wohlfühlen wird.

Richtig ist, dass Katzen, die Spaß am Leinengang haben, dies auch regelmäßig einfordern und der Halter es auch regelmäßig anbieten muss, wenn seine Katze sich wohlfühlen soll. Katzen sind jedoch auch Gewohnheitstiere und können sich besser als viele andere Wesen an ein festes Ritual gewöhnen. Wenn sie wissen, dass ein Leinengang immer abends nach der Arbeit erfolgt, werden sie auch nicht am frühen Morgen darauf bestehen. Ich habe einige Kunden und Verwandte, die ihre Katzen beispielsweise nur im Wochenendhaus oder an bestimmten Orten an der Leine ausführen. Alle diese Katzen haben erwartungsgemäß schnell gelernt, dass es in ihrem Berliner Revier keinen Leinengang gibt, im Brandenburger Revier dagegen schon. Lassen Sie sich also bitte nicht abhalten, Ihrer Katze Gutes zu tun. Wir Menschen müssen uns ehrlich fragen, ob wir nicht einfach Argumente gegen den Leinengang vorschieben, weil wir unserem inneren Schweinehund nachgeben und lieber auf dem Sofa sitzen, als draußen mit der Katze herumzustrolchen.

Ein kurzer Rat am Rande – Das richtige Geschirr

Ich würde von vielen im Handel erhältlichen Katzengeschirren abraten, da diese oft nicht besonders sicher sind und die Katzen, wenn sie in Panik geraten, sich wie Entfesselungskünstler herauswinden können. Ich verwende für meine Katzen und die meiner Klienten ein handgefertigtes, sogenanntes Walking-Jacket, ein maßgefertigtes Katzengeschirr. Das ist sicher und fühlt sich für die Katzen besser an als die Geschirre, die es auf dem Markt gibt. Verschiedene Schneiderinnen bieten diese Dienstleistung im Internet an.

Mein Fall
Marie Hellbig und Schnurri –
Schnurri, die schwanzjagende Katze

Die zehnjährige Schnurri hätte beinahe das furchtbare Schicksal ereilt, eingeschläfert zu werden, wenn eine kompetente und engagierte Tierärztin dies nicht verhindert hätte. Schnurri lebte seit eineinhalb Jahren bei ihrer neuen Halterin, der über achtzigjährigen Marie Hellbig, in einer Zweizimmerwohnung in einem Randbezirk von Berlin, als die Schwierigkeiten plötzlich begannen beziehungsweise offensichtlich wurden. Bevor sie zu Frau Hellbig gekommen war, hatte sie bei einer ebenfalls älteren Dame in einer Wohnung mit Freigang gelebt und sich dort sehr wohlgefühlt. Als diese durch einen Schlaganfall des Öfteren ins Krankenhaus kam, wurde Schnurri von einem Neffen versorgt, der die Katze jedoch nie aus der Wohnung ließ und sich auch sonst nur wenig um sie kümmerte. Schließlich musste die ältere Dame in ein Pflegeheim umziehen, und so war Schnurrie zu Marie Hellbig gekommen, die schon ihr ganzes Leben Katzen an ihrer Seite gehabt hatte. Anfangs war Schnurri schüchtern und verkroch sich die meiste Zeit hinter dem Sofa. Doch Frau Hellbig war sehr geduldig und so entwickelte Schnurri langsam Zutrauen zu ihrer neuen Halterin. Frau Hellbig hatte sich ein Spiel für Schnurri ausgedacht, bei dem sie Schnurri Bröckchen von Trockenfutter jagen und fangen ließ. Leider erschöpfte sich darin auch schon Schnurris tägliches Bewegungsprogramm. Die Katze konnte nicht mehr nach draußen, ihr Aktionsradius beschränkte sich auf ein einziges Zimmer und ihre Beschäftigung auf einfache Spielchen. Frau Hellbig verwöhnte Schnurri zwar mit Futter und Schmuseeinheiten, aber das ersetzte der temperamentvollen Katze nicht den Freigang mit allen Anregungen, Erkundungs- und Bewegungsmöglichkeiten, den sie bei ihrem vorherigen Frauchen genießen durfte.

Nach eineinhalb Jahren in der kleinen Wohnung zeigte Schnurri die ersten Anzeichen autoaggressiven Verhaltens. Sie jagte ihren eigenen Schwanz immer häufiger, biss und kratzte diesen derart vehement, dass es zu ernsten Verletzungen kam. Die Attacken auf ihren eigenen Körper wurden immer heftiger, sodass Frau Hellbig mit Schnurri mehrmals zu einer Tierärztin ging. Diese klärte alle möglichen körperlichen Ursachen für Schnurris Schwanzjagen ab, aber es waren keine einschlägigen Symptome wie Schmerzen, Schwanz- oder Wirbelsäulenverletzungen, eine Nervenerkrankung, Probleme mit dem Analbeutel oder Juckreiz zu erkennen. Es kam so weit, dass Schnurri sich selbst immer stärker verletzte und schließlich sogar Teile des Schwanzes amputiert werden mussten.

Frau Hellbig fühlte sich mit Schnurri überfordert und überlegte deshalb, sie einschläfern zu lassen. Sie war der Ansicht, dass es besser wäre, Schnurri von ihren Leiden zu erlösen, anstatt sie abzugeben und einer ungewissen Zukunft auszusetzen. Für die alte Dame stand fest, dass sie bei ihrer Freundin im Wort stand und unter allen Umständen sicherstellen musste, dass Schnurri nicht litt oder in schlechte Hände kam. Die Tierärztin bestand glücklicherweise darauf, dass Schnurri verhaltenstherapeutisch behandelt wurde, und so kam ich ins Spiel.

Schnurri stand ständig unter Strom

Bei meinem ersten Besuch erlebte ich Schnurri von Anfang an als extrem neugierig und interessiert. Sie inspizierte meine Taschen und war vor allem von meiner Reitgerte begeistert, mit der ich die zehnjährige Katzendame in einem beeindruckenden Tempo durch die Wohnung locken konnte.

Es war deutlich zu sehen, dass die Katze heillos unterfordert war. Schnurri hatte enorm viel Energie aufgestaut – sie stand permanent unter Strom und fand ein Ventil im Schwanzbeißen.

Das Schwanzjagen und die daraus resultierenden Verletzungen stellen ein autoaggressives Verhalten dar. Es kommt als Verhaltensstörung immer mal wieder vor, ist aber bei Weitem nicht so häufig wie zum Beispiel Unsauberkeit.

Als Frau Hellbig sah, wie stark Schnurri auf meine Spielangebote reagierte, gestand sie sich ein, dass sie, gehbehindert und doch schon im höheren Alter, mit einer so lebhaften Katze überfordert war. Ich schlug ihr vor, ein neues Zuhause für Schnurri zu suchen. Dabei halfen einige meiner Kunden, die Zettel bei ihren Spaziergängen aufhängten. Bekanntlich haben die Berliner ein großes Herz für Tiere, und so konnten wir schließlich unter zahlreichen Bewerbern eine junge Künstlerfamilie mit einer siebenjährigen Tochter auswählen. Dort lebte sich Schnurri sehr schnell ein und erhielt viel Abwechslung und Ansprache. Das Schwanzjagen hat sie eingestellt.

An diesem Fall hat mich das Verhalten der Tierärztin sehr berührt. Sie weigerte sich, Schnurri einzuschläfern, andererseits sah sie, dass es Frau Helbig mit ihrer kleinen Rente schwerfiel, die Schwanzamputation und die vielen anderen Tierarztbesuche zu bezahlen. Sie bot an, mein Honorar zu übernehmen, von dem ich natürlich nur einen Bruchteil berechnete. Ich fand es sehr ermutigend, mit welcher Initiative die Tierärztin aktiv wurde und bereit war, neue Wege zu beschreiten. Frau Helbig war zwar sehr traurig über die Trennung von ihrer kleinen Gefährtin, aber es wurde ein Besuchsrecht mit den neuen Besitzern vereinbart und sie bekam regelmäßig Berichte und Fotos über das Wohl der Katze.

Schnell handeln

Jede Entwicklung einer Verhaltensproblematik ist anders, jedes Tier hat seine eigene Leidensgeschichte und mit ihm sein Halter. Oft haben Tier und Mensch eine wahre Odyssee hinter sich. Ratschläge von Bekannten, aus Büchern, Zeitschriften oder aus dem Internet sind längst ausprobiert worden, bevor Katzenhalter es wagen, eine therapeutische Behandlung in Anspruch zu nehmen. Je schneller sie jedoch nach dem Auftreten eines Problems, und wenn alle medizinischen Gründe abgeklärt wurden, auch therapeutische Hilfe suchen, desto leichter wird es sein, die Ursache zu identifizieren und einen Lösungsweg zu finden. Wenn ich eingeschaltet werde, ist einer der häufigsten Sätze: „Sie sind meine letzte Hoffnung." Manchmal hat sich die Verhaltensproblematik dann schon so verselbstständigt, dass weder die Katze noch der Halter wissen, wann und warum das „Fehlverhalten" begonnen hat oder die eigentliche Ursache gar nicht mehr vorhanden ist. Resignieren Sie nie, es gibt selbst für auf den ersten Blick scheinbar hoffnungslose Fälle oft noch Therapiemöglichkeiten. Auch wenn der Weg zur Katzentherapie für viele noch ein unbekannter Weg ist, sollten Sie ihn, je schneller, desto besser, beschreiten, damit Sie sich und Ihrer Katze Leid ersparen.

Uns Menschen fehlt meist der lange Atem
Verhaltenstherapeutische Maßnahmen scheitern in der Regel daran, dass wir Menschen zu ungeduldig sind und uns oft der lange Atem fehlt. Als Therapeutin kann ich zwar Maßnahmen vorschlagen und die Halter bei der Umsetzung der Therapie beraten und coachen, die Arbeit muss jedoch vor Ort von den Haltern selbst übernommen werden. Dort sind dann keine Kamera, kein Publikum und keine Frau Dexel dabei.

Ich kann nur motivieren und unterstützen. Immer wieder rate ich: Machen Sie sich Zeitpläne, integrieren Sie das Training und die wichtige gemeinsame Zeit mit Ihren tierischen Gefährten nachhaltig in Ihren Alltag. Je länger die Probleme bestehen, desto länger wird auch die Therapie dauern. Wir Menschen wollen sofort Erfolge sehen. Unter Umständen gibt es die tatsächlich auch, und ein Problem ist schnell gelöst. Im Normalfall ist eine Therapie jedoch ein langsamer Prozess, der auch regelmäßig von Enttäuschungen begleitet wird. Manchmal schreiben mir Halter: „Frau Dexel, es ist zum Verzweifeln, ich habe alles versucht, aber es klappt nicht." Wenn ich dann nachfrage, erfahre ich entweder: „Ich hatte keine Zeit zum Trainieren." Oder: „Es hatte sich schon einiges getan und dann gab es einen Rückschlag." Rückschläge gehören zu einer Therapie dazu. Und manchmal ist die Veränderung so leise vonstattengegangen, dass sie nicht bemerkt wurde. Wenn ich dem Halter noch einmal vor Augen führe, wie die Ausgangssituation war, werden auch die kleinen Erfolge greifbar. Es ist schließlich ein enormer Unterschied, ob man täglich mehrere Urinpfützen in der Wohnung findet oder in der Woche nur noch eine. Zeit und Geduld aufzubringen fällt den meisten am schwersten.

Katzenprobleme müssen nicht sein

Das größte Hindernis für ein besseres Verständnis von und für Katzen ist die sich hartnäckig haltende Meinung, dass Katzen unabhängig und mit wenig zufrieden seien. Wünschen Menschen sich ein Tier und haben wenig Zeit, rät man ihnen oft zu einer Katze. Und das wird der Katze nicht gerecht. Unsere Stubentiger müssen sich mit Futter und Katzenklo oft auf kleinstem Raum zufriedengeben, dazu ab und zu einige Streicheleinheiten oder Spielchen, wann immer wir es wollen. Sie brauchen den Menschen nicht, heißt es, sie machen wenig Arbeit, glaubt man, sie schlafen viel, denkt man, und dass sie ausgeprägte Einzelgänger sind, vermutet man. Und so wundern wir uns, wenn Katzen verhaltensauffällig, depressiv oder einfach nur übergewichtig werden. Die wenigsten Halter machen sich klar, dass wir unseren Wohnungskatzen täglich Anpassungshöchstleistungen abverlangen; aus Unwissenheit oder auch purer Bequemlichkeit muten wir ihnen Lebensumstände zu, die ihrer Natur widersprechen.

Statt draußen Beute aufzuspüren, anzusitzen, zu jagen, ihr Revier zu kontrollieren, zu markieren und zu verteidigen, statt in Bäume zu klettern, auf Zäunen zu balancieren und durchs Gras zu springen, statt Kumpel zu treffen, sich im Sand zu wälzen oder sich die Sonne auf den Bauch scheinen zu lassen, sollen sie sich mit einem Leben in vier Wänden begnügen und ab und zu einer Spielmaus hinterherjagen, natürlich nur dann, wenn wir zum Spielen aufgelegt sind. Wir sollten uns verdeutlichen, dass Stubentiger unter diesen Umständen, was ihre körperliche und geistige Stimulation angeht, extrem unterfordert sind und die Anpassung an eine so reizarme Umgebung sie überfordert. Freigänger dagegen führen draußen ein von ihren Haltern weitgehend unabhängiges Katzenleben, je mehr Zeit sie im Freien verbringen können, desto weniger brauchen sie ein passendes Beschäftigungsprogramm zu Hause. Für diese Katzen ist es dann oft wichtiger, mit ihrem Menschen zu kuscheln, sich von ihren anstrengenden Streifzügen zu erholen und in Ruhe zu fressen, in der Sonne zu dösen und zu schlafen. Damit jedoch auch Wohnungskatzen ein zufriedenes Leben führen können, müssen wir sie möglichst artgerecht halten. Natürlich ist das nicht hundertprozentig möglich, aber wir sollten für Ersatz und Ausgleich sorgen. Vergessen Sie nie, dass Sie einen Beutegreifer zu Hause halten. Der Ersatz ihres natürlichen Lebensraums fordert Haltern einiges ab: Dazu gehören eine katzengerecht ausgestattete Wohnung mit mehreren für die Katzen erreichbaren Ebenen und eine katzengerechte Auslastung all ihrer Sinne und körperlichen Fähigkeiten: Wohnungskatzen müssen auf kätzische Art und Weise motiviert, gefordert, gefördert und unterstützt werden. Für uns als Halter bedeuten diese verhaltensbiologischen Fakten, dass es notwendig ist, sich neben Schmuseeinheiten täglich auch aktive Zeiteinheiten für unser Tier zu reservieren; ich nenne diese Sequenzen „Qualitätszeit". Gehen Sie es an, es lohnt sich für Sie und Ihre Katze!

Service

Danksagung

Es gibt so viele wunderbare Menschen und Tiere, denen mein Dank gebührt und die mich auf meinem Weg begleitet haben. In dem Wissen, dass etliche aus Platzgründen zwar hier, aber nicht in Gedanken und im Herzen unerwähnt bleiben, möchte ich trotzdem eine Kurzversion versuchen.

Mein tiefer Dank geht an alle Katzen und anderen tierischen Begleiter, die mein Leben so unermesslich bereichert haben und mit denen ich mein Leben teilen oder die ich kennenlernen durfte. Ihr seid in Gedanken immer bei mir. Meinen Großmüttern möchte ich danken dafür, dass sie mir die Liebe zur Natur und den Tieren mitgegeben haben. Meinem Partner – ohne Dich hätte es dieses Buch nie gegeben – und unseren Familien dafür, dass ich sie auch in stürmischen Zeiten immer an meiner Seite weiß, dass sie an mich glauben, mich ermutigen und mit Rat und Tat unterstützen. Meinen Freunden, auch den Nicht-Katzenleuten, für Euer Interesse an meiner Arbeit sowie Eure offenen Ohren zu jeder Tages- und Nachtzeit.

Richard Lumbley von dem United Nations Environment Programme (UNEP) möchte ich danken, dass er mich während meiner Zeit in Nairobi mit Artenschützern vor Ort bekannt machte und den Stein für meinen späteren beruflichen Werdegang ins Rollen brachte. Dave Currey und Allan Thornton von der Environmental Investigation Agency dafür, dass sie mich ohne praktische Vorkenntnisse, aber mit viel Elan ausgestattet, einstellten und ich viele glückliche Berufsjahre in London verbringen durfte. Dr. Christian Mittag dafür, dass er den Start des Schneeleopardenprojekts finanzierte, ohne den es dieses Schutzprojekt niemals gegeben hätte. Bei meinem Kollegen und guten Freund Matthias Huber für meine erste Einführung ins Clickertraining.

Meinen vielen Kunden, Schülern und Katzenjammer-Protagonisten gilt mein Dank für ihr Vertrauen, dass ich mit ihnen und ihren Katzen arbeiten und jeden Tag dazulernen darf. Christian Ehrlich und Dr. Gerald Krakauer von Docma TV gilt mein Dank für die sehr gute Zusammenarbeit und auch dafür, dass sie das Risiko auf sich genommen haben, eine Sendung über Katzenprobleme und Katzenverhaltensberatung zu produzieren. VOX und insbesondere der Tierredaktion dafür, dass sie Katzenjammer ermöglicht haben. Meiner wunderbaren Producerin Lisa Ehl für ihren unermüdlichen Einsatz und ihre sehr stimmigen Textbeiträge zu den Sendungen sowie für die gute Stimmung am Set.

Meiner Freundin und Geschäftspartnerin Johanna Berg von design4cats für ihre engagierte, kompetente Unterstützung und Ihr Verständnis. Den Tierärzten Dr. Andrea Höhling und Dr. Wolfgang vom Hove für ihre Freundschaft, Hilfsbereitschaft und ihren tiermedizinischen Sachverstand, von dem sowohl meine Katzen als auch die vieler Klienten ungemein profitierten. und Dr. Kerstin Woebecke und ihren Pferden für die vielen schönen gemeinsamen Ausritte in Brandenburg. Meiner lieben Freundin Karina Heuzeroth danke ich für ihren persönlichen und fachlichen Support. Cordelia Siebert für die wohltuende Unterstützung, insbesondere während stressiger Drehphasen.

Meiner Agentin Claudia Gehre gilt mein tiefer Dank für ihre immense Unterstützung und ihre Freundschaft. Cornelia Philipp, meiner Lektorin und großen Katzenfreundin, gilt mein besonderer Dank für die kompetente und einfühlsame Überarbeitung des Manuskripts. Alice Rieger und ihrem Team vom Kosmos Verlag gilt mein herzlicher Dank, ohne sie hätte dieses Buch nicht so zügig realisiert werden können.

Zur Autorin

Tierberatungspraxis Birga Dexel

Die Praxis für Tierberatung Birga Dexel bietet ganzheitlich orientierte Hilfe und gewaltfreie Therapie- und Trainingsmethoden für Tierhalter und solche, die es werden wollen. Mensch und Tier soll ein für beide Seiten glückliches und befriedigendes Miteinander sowie eine bessere Verständigung ermöglicht werden. Birga Dexel bietet mit ihrem Team Verhaltensberatungen für Katzen, Ernährungsberatungen, Clickerseminare, Vorträge, Weiterbildungen sowie Ausbildungen zum Verhaltensberater für Katzen an.

Auf ihrer Website finden Katzenhalter zahlreiche Expertentipps sowie aktuelle Veranstaltungstermine.

Kontakt: Birga Dexel, Praxis für Tierberatung, Tel.: 030-85 96 71 61, Fax: 03212-8 59 67 16. E-Mail: kontakt@tierberatungspraxis.de, www.tierberatungspraxis.de, www.facebook.com/Tierberatungspraxis

Quellenangaben

Bradshaw, John (2011): **In Defense of Dogs.** Why dogs need our understanding. London.

Halls, Vicky (2004): **Cat Confidential** – The book your cat would want you to read. Deutsche Übersetzung (2007): Die Katzenflüsterin. Stuttgart.

Hediger, Annelies (1988): **Die Freundlichkeit der Katze zum Menschen im Vergleich zur Freundlichkeit der Katze zur Katze.**

Dr. Hofve, Jean (2010): **Urinary Tract Problems in Cats.**

Prof. Dr. Leyhausen, Paul (1996): **Katzenseele.** Stuttgart.

Dr. Morris, Desmond (1994): **Cat Watching.** Die Körpersprache der Katze. München.

Schneider, Barbara (2011): **Verhaltensmedizin und -therapie bei Hund und Katze.** München.

Schroll, Sabine (2004): **Verhaltensmedizin der Katze.** Stuttgart.

Prof. Dr. Sheldrake, Rupert (2003): **Der siebte Sinn der Tiere.** Berlin.

Sperlin, Tina Susanne (2012): **Animal Hoarding.** Das krankhafte Sammeln von Tieren. Aktuelle Situation in Deutschland und Bedeutung für die Veterinärmedizin. Dissertation zur Erlangung des Grades einer Doktorin der Veterinärmedizin. Tierärztliche Hochschule Hannover.

Dr. Turner, Dennis C., and Patrick Bateson (1998): **The Domestic Cat.** The biology of its behaviour. Cambridge.

Dr. Turner, Dennis C. (2004): **Turners Katzenbuch.** Stuttgart.

Stiftung Warentest (Heft 9/28.08.2008): **Katzenfutter:** Weniger ist mehr. Berlin.

Register

Bildnachweis
Alle Fotos Birga Dexel / Dirk Brandt. Weitere Fotos von Sandra Schürmans/Kosmos
(3; Bildtafel 14 und 15)

Impressum
Umschlaggestaltung von GRAMISCI Editorialdesign unter Verwendung von
2 Farbfotos von Sandra Schürmans/Kosmos.

Mit 25 Farbfotos.

Unser gesamtes lieferbares Programm und viele
weitere Informationen zu unseren Büchern,
Spielen, Experimentierkästen, DVDs, Autoren und
Aktivitäten finden Sie unter **kosmos.de**

Gedruckt auf chlorfrei gebleichtem Papier

© 2013, Franckh-Kosmos Verlags-GmbH & Co. KG, Stuttgart
Alle Rechte vorbehalten
ISBN 978-3-440-13948-6
Projektleitung: Alice Rieger
Textbearbeitung: Christiane Gibiec
Lektorat: Cornelia Philipp
Gestaltungskonzept: Populärgrafik, Stuttgart
Gestaltung und Satz: Kristijan Matić / Kullmann & Partner, Stuttgart
Produktion: Eva Schmidt
Printed in The Czech Republic / Imprimé en République Tchèque